# Der kleine Servicehund

Kynos Verlag

© 2022 KYNOS VERLAG Dr. Dieter Fleig GmbH
Konrad-Zuse-Straße 3 • D-54552 Nerdlen/Daun
Telefon: +49 (0) 6592 957389-0
www.kynos-verlag.de

Bildnachweis:
Alle Fotos: Béatrice Bich – B²-Fotografie, außer:
Adobe Stock: cynoclub-stock.adobe.com, S. 8

Gedruckt in Lettland

ISBN 978-3-95464-273-1

# Inhaltsverzeichnis

# Einleitung

In allen Hunden schlummern Fähigkeiten, die ihnen oft nicht zugetraut werden – und sie können mit etwas Training und Geduld einfach geweckt und gefördert werden. So erhalten Sie nicht nur praktische Hilfe in vielen Lebenslagen – und sei es „nur" im Haushalt – sondern bieten Ihrem Hund gleichzeitig Spaß und mentale Auslastung.

Es gibt Hunde, die sich sogar als speziell geschulte Begleiter für Menschen mit gesundheitlichem Handicap eignen. Diese unterschiedlich als Assistenz- oder Servicehunde bezeichneten Helfer auf vier Pfoten bedürfen aber gezielter fachlicher Ausbildung, viel Zeit und passender Wesenseignungen der Tiere. Diese kleinen Alltagshelden und kurze Einblicke in ihre unterschiedlichen Ausbildungen werden in diesem Buch ebenfalls kurz vorgestellt. Hauptsächlich konzentrieren wir uns jedoch auf das Erlernen lustiger und dennoch hilfreicher Tricks für jedermann und jederhund. Manche davon sind wirkliche Erleichterungen im Erledigen des Haushalts, andere machen zugegeben einfach nur Spaß.

Selbstredend kann dieses Buch keinesfalls eine professionelle Ausbildung zum Assistenzhund ersetzen. Zum vollumfänglich einsatzfähigen Helfer für gehandicapte Menschen ist es ein langer Weg, der individuell an die Bedürfnisse des Menschen angepasst werden muss. Die Betreuung durch eine speziell geschulte Fachfrau oder einen Fachmann ist dabei unumgänglich!

Um Ihren persönlichen kleinen Assistenten auszubilden, der Ihnen im Haushalt zur Hand geht, bietet dieses Buch aber die optimale Grundlage.

Ich wünsche Ihnen viel Spaß beim Trainieren und Entdecken der Möglichkeiten!

*Ihre*
*Liane Rauch*

# Ihr Hund als Helfer im Alltag

Grundsätzlich benötigen Sie keine bestimmten Voraussetzungen, um die Lektionen im Buch mit Ihrem Hund zu erarbeiten. Es ist jedoch von Vorteil, wenn Ihr Hund bereits einige Grundkommandos und / oder Tricks beherrscht. Ihr Hund sollte an einer Zusammenarbeit mit Ihnen interessiert sein und eine gute Konzentrationsfähigkeit haben. Zwei- und vierbeinige Anfänger sollten vorab gemeinsam die Grundlagen erarbeiten.

Mit den fünf Basis-Kommandos „Nimm es", „Nimm es mit", „Halte es", „Heb es auf" und „Gib es mir" sollten Sie und Ihr Hund bestens für die Ausbildung Ihres eigenen kleinen Servicehundes gerüstet sein. Den Aufbau der Basis-Aktionen werde ich noch genauer beschreiben.

Beim Trainieren mit Hunden entsteht ganz viel aus Zufällen, die man idealerweise sofort annehmen sollte. Sehr viele Aktionen oder auch Tricks bietet der Hund ganz von alleine an. Viele Halter übersehen das leider häufig, erkennen es nicht oder reagieren nicht darauf. Achten Sie doch einfach einmal genau darauf, was Ihnen Ihr Hund so anbietet, beobachten Sie ihn und nehmen Sie sein Angebot an.

Bringt Ihr Hund Ihnen beispielsweise aus Eigenmotivation sein Spielzeug, können Sie dieses „zufällige" Verhalten direkt mit einem Wort belegen. In diesem Fall „Bring es". Auf diese Weise lassen sich ganz spielerisch wie nebenbei auch unsere Basis-Aktionen erlernen.

Viele Tricks können ebenfalls beiläufig erarbeitet werden. Einer der bekanntesten Nebenbei-Tricks dürfte das „Verbeugen" oder der „Diener" sein. Immer wenn sich der Hund streckt und dabei mit dem Oberkörper nach unten neigt, wird das gewünschte Hörzeichen „Knicks" oder „Diener" gesagt. Großes Lob und Leckerchen sollten darauf sofort folgen.

*Viele Tricks, wie zum Beispiel das Verbeugen, können ganz nebenbei entstehen.*

Man sollte Hunden die Möglichkeit geben, einfach mal etwas auszuprobieren, wie zum Beispiel das Skateboardfahren. Ich habe meinen Hunden das Board angeboten und einfach mal abgewartet, was sie damit anstellen. Es hat gar nicht lange gedauert, bis meine kleine Mix-Hündin Honey und mein Sheltie Onyx die Pfoten auf das Board gestellt haben. Ich habe die beiden unter Zuhilfenahme von Handzeichen, dass die Pfoten auf das Brett sollen, weitestgehend selbst ausprobieren lassen. Schon das erste kurze Anschieben habe ich gelobt und belohnt.

*Melman soll die Bodenlampe mit der Pfote bedienen. Sein Frauchen hat viel Geduld und wartet, was ihr der schlaue Junge anbietet. An Melmans Gesicht ist zu sehen, wie er nachdenkt.*

## *Hunde wieder selbst nachdenken lassen*

Blindenführhunde, Assistenzhunde, Gehörlosenbegleithunde und auch LPF-Hunde (Assistenzhunde für lebenspraktische Fähigkeiten) müssen in bestimmten Situationen eigene Entscheidungen treffen können. Beim Blindenführhund ist das zum Beispiel die „Kommandoverweigerung". Der Führhund muss abwägen, ob das gegebene Kommando in der gerade bestehenden Situation sinnvoll ist. Er muss beurteilen können, ob die von seinem blinden Herrchen oder Frauchen vorgegebene Richtung sicher ist und im Zweifelsfall eine andere Richtung einschlagen. Dazu muss der Hund den blinden Menschen im Notfall blockieren und / oder mit ihm Bögen laufen.
Es ist einfach beeindruckend, welche fantastischen Leistungen Führ- und Assistenzhunde für ihre Menschen erbringen können.
Häufig werden Hunde noch immer zu Befehlsempfängern degradiert. Das ist sehr schade, verfügen sie doch über erstaunliche kognitive Fähigkeiten. Sie können Probleme erkennen, sie analysieren, eine Lösung suchen, die gefundene Lösung ausführen und sich diese merken.

# Übungsablauf und Training

Alle im Buch beschriebenen Hilfstätigkeiten können in beliebiger Abfolge ausgeführt werden. Mit welcher Tätigkeit Sie beginnen, bleibt Ihnen überlassen.

Grundsätzlich aber gilt: Lassen Sie sich und Ihrem Hund genug Zeit. Braucht Ihr Hund länger, geben Sie ihm auch mehr Zeit. Passen Sie die Trainingszeit individuell an Ihren Hund an. Trainieren Sie nicht zu lange. Wenn Sie merken, dass es gar keinen Fortschritt zu verzeichnen gibt, unterbrechen Sie das Training, bevor Sie oder der Hund in eine negative Stimmung geraten. Eine Übungseinheit sollte möglichst immer mit einem positiven Erlebnis beendet werden.

Bei ängstlichen oder schon etwas älteren Hunden kann der Aufbau einzelner Schritte eventuell etwas länger dauern. Bedenken Sie bitte, dass Ihnen eine gute Basis viel Korrekturarbeit erspart.

## *Talente beachten*

Hunde haben oft ganz spezielle Talente, die rassespezifisch unterschiedlich sein können. Retriever sind zum Beispiel dafür gezüchtet worden, um etwas zu apportieren und zu tragen. Demzufolge apportieren die meisten Retriever leidenschaftlich gerne. Bei Hütehunden hingegen kann es vorkommen, dass sie sich manchmal schwertun, etwas in den Fang zu nehmen oder zu apportieren. Ausnahmen gibt es natürlich immer.

Besonders wenn Sie Ihrem Hund etwas antrainieren möchten, was seiner Rasse tendenziell schwerer fällt, müssen Sie ihm umso mehr Zeit geben, beim Training eventuell kreativ werden und Ihrer Fantasie freien Lauf lassen. Testen Sie zum Apportieren verschiedene Materialien und beginnen Sie nicht mit zu harten oder zu großen Gegenständen. Verschaffen Sie sich und dem Hund zwischendurch immer wieder Erfolge mit einer Übung, die er schon gut beherrscht.

## *Richtig belohnen und loben*

Zum Belohnen und Loben haben Sie vielfältige Möglichkeiten. Manche Hundehalter, wie auch ich selbst, bevorzugen den Zuspruch mit dem Instrument Stimme, andere hingegen nutzen einen Clicker. Ich persönlich arbeite nicht mit dem Clicker. Meine Hunde sollen die Übung gleich bis zum Ende ausführen, ohne dass sie durch den Clicker unterbrochen werden. In vielen Jahren Trick- und Dog-Dance-Arbeit ist mir aufgefallen, dass sogenannte „Clicker-Hunde" oft viele Wiederholungen brauchen. Es kommt leider häufig vor, dass der falsche Moment angeclickert wird und das Training so unnötig in die Länge gezogen wird.

Ich möchte ausdrücklich betonen, dass ich kein Clicker-Gegner bin. Wenn Sie mit dem Clicker arbeiten möchten, können Sie das selbstverständlich tun. Achten Sie dabei jedoch unbedingt auf das richtige Timing. Damit Clicker-Training effektiv ist, muss man zum einen die dahinterliegenden Prinzipien genau verstanden haben und zum anderen seine Technik (Timing und Position) geschult haben. Falsch eingesetzt, belohnen Sie schnell unabsichtlich die falschen Dinge.

Die primäre Belohnung ist bei uns das Leckerchen und ich gebe sie auch zwischendurch für erfolgreich absolvierte Zwischenschritte. Ein kleiner Keks zwischendurch sagt dem Hund auf positive Weise, dass er auf dem richtigen Weg ist, ohne ihn im Arbeitsfluss zu unterbrechen. Erst ganz am Ende der Übung verwende ich ein Lobwort zusammen mit einer Belohnung (Keks). Nach dem Lobwort wird die Übung nicht noch einmal wiederholt. Ich lobe lieber stimmlich, da ich hierfür keine Hand brauche und so meine Hände immer frei habe.

## *Gelerntes immer festigen*

Ein Hund beherrscht etwas erst dann wirklich, wenn er die Aktion jedes Mal ausführt, sobald Sie diese spontan abrufen. Beispiel: Sie sind in der Küche beschäftigt und möchten, dass Ihre tierische Haushaltshilfe einen Putzlappen in einen Eimer legt.

Rufen Sie den Hund und motivieren Sie ihn dazu, zum Beispiel den Putzlappen aufzuheben und in den Eimer zu räumen. Funktioniert dies ohne vorherige Vorbereitung, können Sie davon ausgehen, dass Ihr Hund das Aufräumen beherrscht.

Es hat sich bewährt, Gelerntes über mehrere Tage und vor allem auch in verschiedenen Umgebungen (z. B. unterschiedlichen Räumen des Hauses) und auch mit Ablenkungen (Katze oder andere Personen anwesend …) zu festigen. Das heißt, auch wenn Sie den Eindruck haben, Ihr zukünftiger Haushaltshelfer beherrscht die gewünschte Aktion, arbeiten Sie lieber noch ein paar Tage an einer festen Generalisierung.

*Als Springer Spaniel ist Jaro für das Apportieren geboren. Diese angeborenen Talente kann man sich zunutze machen! Es muss nicht immer ein Futterbeutel sein, den der Hund holt und trägt.*

## Lernen an den Hund anpassen

Nicht alle Hunde lernen gleich. Wie bei uns Menschen auch gibt es die besonders talentierten Überflieger und eben auch die, die etwas länger brauchen.

Leider gibt es noch viele Hundeschulen, die starre Trainingsmethoden 1:1 auf alle Hunde umlegen. Rassespezifische Wesensmerkmale werden nicht beachtet, charakterliche Eigenheiten nicht berücksichtigt und dem Lernvermögen des einzelnen Hundes nicht entsprochen. Jeder Hund, auch innerhalb der gleichen Rasse, lernt anders. Natürlich sind sich die Grundcharaktere sehr ähnlich, individuell können sich die Hunde jedoch unterscheiden.

Ein Border Collie wird mehr sogenannten „will to please" zeigen als ein auf selbständiges Arbeiten gezüchteter Stöber- oder Jagdhund. Hütehunde wurden auf die enge Zusammenarbeit mit dem Schäfer in der Zucht selektiert. Es ist ihnen angeboren, immer wieder „nachzufragen", wie es weitergeht.

Die Jagd mit Meutehunden würde sich hingegen schwierig gestalten, wenn die Hunde immer wieder zum Jäger zurücklaufen würden und anfragen, wo es denn nun weitergeht. Diese Hunde sollen selbständig vorauslaufen und sich bei der Arbeit ausschließlich auf die Spur konzentrieren.

Beobachten Sie Ihren Hund und analysieren, wie und wann er am besten lernt. Da gibt es den Hund, der ausgeschlafen sein muss, um neue Aufgaben zu erlernen. Der andere braucht vor dem Training einen Spaziergang, um „runterzukommen" und der nächste muss erst eine Nacht über das Gelernte schlafen.

*Die Servicehunde im Buch, von links nach rechts: Xare, Jaro, Smilla, Melman, Ida, Clooney und Gerda. Jeder dieser Hunde hat eigene, besondere Talente und lernt auf eine individuelle Art.*

# Die fünf Basis-Kommandos

Ich gehe an dieser Stelle davon aus, dass Ihr Hund die Grundkommandos „Steh", „Sitz", „Platz", „Bleib" und „Hier" bereits beherrscht. Um nun aus Ihrem Vierbeiner einen Haushaltshelfer zu machen, sollte er nun zusätzlich die fünf folgenden Basis-Kommandos lernen:

1. „Nimm es"
2. „Halte es"
3. „Nimm es mit"
4. „Heb es auf"
5. „Gib es mir"

## *Wenn es nicht klappt*

Die folgenden Tipps gelten für alle Übungen:

- Erster Rat ist immer: Machen Sie eine Pause, bevor der Hund frustriert ist.
- Stellen Sie sicher, dass sich der Hund wohlfühlt.
- Prüfen Sie, ob der Hund konzentriert ist oder von etwas abgelenkt wird.
- Verschaffen Sie dem Hund zwischendurch Erfolgserlebnisse mit leichten Übungen, die er gut beherrscht.
- Schaffen Sie eine entspannte Atmosphäre. Nervöse Hunde lernen nicht.
- Schrauben Sie Ihre Erwartungen zurück, setzen Sie den Hund nicht unter Druck.
- Überdenken Sie, ob Sie beim Training zu schnell vorgehen und der Hund das Gelernte noch nicht verstanden oder gefestigt hat.
- Ist der Hund eventuell müde oder fühlt er sich unwohl? Machen Sie eine Pause oder versuchen Sie es erst am nächsten Tag wieder.
- Gehen Sie im Training einen Schritt zurück.
- Erwägen Sie, ob Sie dem Hund nicht eine hochwertigere Belohnung anbieten könnten.
- Greifen Sie eventuell zu früh nach dem Leckerchen und verleiten den Hund damit dazu, die Übung an dieser Stelle abzubrechen und z. B. den Gegenstand, den er gerade im Fang trägt, fallenzulassen? Fassen Sie erst in den Futterbeutel, wenn die Übung wirklich beendet ist.

Sie brauchen nicht zwingend meine Kommandowörter / Hörzeichen zu übernehmen. Verwenden Sie Wörter, die Ihnen gut von den Lippen gehen und zur Situation passen. Es ergibt wenig Sinn, wenn Sie meine Kommandos übernehmen, Ihnen diese jedoch nicht wirklich geläufig werden, denn selbstverständlich sollen Sie ja immer das gleiche Wort für die gleiche Aktion verwenden.

Alle Kommandos und Hörzeichen im Buch sind nur Vorschläge. Der nächste wichtige Punkt ist, den Hund sofort an unterschiedliche Materialien wie Stoff, Holz, Plastik und Metall zu gewöhnen. Bei Metall steigen die meisten Hunde aus. Mit ein paar kleinen Tricks kann man dem Hund jedoch auch dieses so ungeliebte Material zum Tragen schmackhaft machen. Darauf gehe ich noch gesondert ein.

# Nimm es

„Nimm es" bedeutet, dass Sie dem Hund einen Gegenstand aus Ihrer Hand in den Fang geben. Dies kann während des Putzens zum Beispiel ein Lappen oder ein kleiner Besen sein. Es geht hier nicht ums Aufheben vom Boden und auch nicht ums Apportieren.

## *So geht's los*

Beginnen Sie mit einem Material, welches der Hund gerne in sein Schnäuzchen nimmt. Zum Üben eignet sich am Anfang bestens ein Spielzeug, ein Waschhandschuh, ein alter Topflappen oder eine aussortierte Socke. Der Gegenstand sollte nicht zu schwer sein. Verwenden Sie bitte kein Objekt, bei dem der Hund zum „Knautschen" neigt, was zum Beispiel bei Bällchen häufig der Fall ist. „Knautschen", also das ausgiebige, genüssliche Herumkauen auf etwas, wollen wir von Anfang an vermeiden.

Bieten Sie dem Hund den ausgewählten Gegenstand an. Ich persönlich verwende immer schon, während ich dem Hund den Gegenstand anbiete, gleich auch das Hörzeichen, welches er lernen soll, in unserem Fall also „Nimm es". Viele Trainer arbeiten auch so, dass sie das Signal / Hörzeichen erst dann einführen, wenn der Hund das fertige Endverhalten schon zeigt. Das bleibt Ihnen überlassen. Ich persönlich habe in vielen Jahren Praxisarbeit sehr gute Erfahrungen damit gemacht, das gewünschte Hörzeichen von Anfang an zu sagen.

Wichtig ist auf jeden Fall: Schieben Sie Ihrem Hund den Gegenstand nicht gewaltsam gegen oder zwischen die Zähne! Warten Sie, bis er selbst Interesse daran zeigt. Im ersten Schritt bekommt Ihre angehende Haushaltshilfe die Belohnung schon, wenn der Gegenstand auch nur minimal mit den Zähnen berührt wird. Häufig sieht dies beim Hund wie ein „Befühlen" mit der Nase aus.

Bleiben Sie mit den Händen noch am Gegenstand, der dem Hund angeboten wird. Ziel des ersten Schrittes ist, dass Ihr Vierbeiner den Fang öffnet und den Gegenstand annimmt.

Der dem Hund angebotene Gegenstand sollte nie auf den Boden fallen. Im Hinblick auf das Kommando „Halte es", welches Sie später kennenlernen, darf es sich für Ihren vierbeinigen Helfer niemals lohnen, den Gegenstand auf den Boden fallen zu lassen. Fällt der dem Hund angebotene Gegenstand hinunter, heben Sie diesen bitte kommentarlos auf und bieten ihn dem Hund nochmals an.

*Eliza soll lernen, einen Gegenstand aus Frauchens Hand entgegenzunehmen. Beginnen Sie mit einem Material, das der Hund gerne in sein Schnäuzchen nimmt.*

## So geht's weiter

Bekommt Ihr Hund langsam eine Idee davon, was Sie von ihm möchten, warten Sie ab, ob er die angebotene Sache schon etwas weiter in die Schnute nimmt. Sie drücken dem Hund den Gegenstand selbstverständlich auch hier nicht entgegen, sondern lassen ihn selbst entscheiden, wie weit er diesen in den Fang nimmt.

Im nun anstehenden Schritt reicht uns das reine „Befühlen" nicht mehr. Die Futterbelohnung erfolgt nun immer später, also nur noch, wenn der Hund den Gegenstand auch wirklich in sein Mäulchen nimmt, währenddessen können Sie ihn vor dem Keks stimmlich loben. Das „Befühlen" wird nicht mehr belohnt – warten Sie, bis der Hund den Fang öffnet.

Achten Sie auch weiter darauf, dass der Gegenstand nicht auf den Boden fällt und Sie belohnen Ihre zukünftige Haushaltshilfe auch nicht, wenn sie den Gegenstand fallen lässt. Seien Sie schneller, halten Sie Ihre Hände unter den Gegenstand, sodass dieser gar nicht auf den Boden fallen kann.

*Am Anfang sichern Sie den Gegenstand mit den Händen ab. Dieser sollte keinesfalls auf den Boden fallen.*

## So wird's komplett

Die Übung gilt als erfolgreich abgeschlossen, wenn Ihr Hund den angebotenen Gegenstand in den Fang nimmt, festhält und nicht mehr fallen lässt. Seine Belohnung bekommt der Hund erst dann, wenn Sie ihm den Gegenstand wieder abnehmen.

Beim Abnehmen verwende ich kein Hörzeichen wie zum Beispiel „Aus". Der Hund soll Ihnen den Gegenstand von alleine in die Hand legen, wenn Sie diese unter den Gegenstand halten, den der Hund in der Schnute hat.

## Wenn es nicht klappt

- Wechseln Sie das Material, vielleicht nimmt Ihr Hund das angebotene noch nicht gerne in den Fang.
- Arbeiten Sie nicht mit dem Lieblingsspielzeug, Hunde neigen hier noch mehr zum Knautschen oder wollen damit spielen und sind deshalb unkonzentriert.
- Verwenden Sie ein Objekt, welches der Hund nicht kennt.
- Siehe auch die allgemeinen Tipps im Kasten „Wenn es nicht klappt" (S. 14).

# Halte es

„Halte es" bedeutet, Sie geben dem Hund einen Gegenstand aus der Hand in den Fang und er hält diesen fest, bis Sie ihn ihm wieder abnehmen. In der Praxis kann der Hund zum Beispiel eine kleine Kehrschaufel so lange halten, bis Sie diese wieder benötigen. Der Übergang von „Nimm es" zu „Halte es" ist sehr fließend. Hier geht es nun um den Aufbau von mehr Dauer.

## *So geht's los*

Sie führen das Hörzeichen (bei uns „Halte es") ein, sobald der Hund den Gegenstand im Mäulchen behält. Bieten Sie Ihrem Vierbeiner den Gegenstand Ihrer Wahl an. Nimmt er diesen in den Fang und hält ihn fest, verwenden Sie das Hörzeichen getrost öfter hintereinander, der Hund soll dieses Wort ja lernen. Ich helfe dem Hund zusätzlich mit einem Handzeichen, dem nach oben ausgestreckten Zeigefinger. Sollten Sie diese Geste bereits mit einem anderen Kommando verknüpft haben, können Sie natürlich eine beliebige andere wählen. Das oberste Gebot lautet auch bei dieser Übung: Der Gegenstand darf nie auf den Boden fallen. Dies ist wichtig, wenn Ihr Hund später zum Beispiel Einkäufe ins Haus tragen soll. Es wäre nicht so gut, wenn er die Einkäufe auf dem Weg ins Haus immer wieder fallen lässt.

*Bieten Sie dem Hund den Gegenstand mit dem Hörzeichen „Nimm es" an. Der Übergang von „Nimm es" zu „Halte es" ist fließend.*

Reagieren Sie also schnell und kommen dem Hund zuvor, bevor er das Übungsobjekt absichtlich oder unabsichtlich verliert. Falls doch das „Unglück" passiert, heben Sie den Gegenstand kommentarlos auf und bieten diesen nochmals an.

Anfangs genügt es, wenn der Hund den angebotenen Gegenstand nur zwei bis drei Sekunden lang hält. Die Dauer des Haltens wird langsam aufgebaut. Ich habe dazu eine „Selbstkontrolle" für mich eingebaut, um dem Hund zu viele Fehlversuche zu ersparen: Ich biete dem Hund den Gegenstand mit „Nimm es" an. Hält er fest, sage ich nur einmal „Halte es" und der Hund bekommt einen Keks, wenn der Gegenstand wieder in meiner Hand ist. Beim nächsten Mal sage ich zwei Mal hintereinander „Halte es", der Hund muss den Gegenstand also automatisch länger halten. Den Keks gibt es, wenn der Gegenstand wieder in meiner Hand ist. So kann ich mich selbst kontrollieren und gehe beim Zeitaufbau nicht zu schnell vor.

## *So geht's weiter*

Die Zeit, die Ihr Vierbeiner den Gegenstand festhält, wird nun langsam erhöht. In diesem Fall ist es sehr sinnvoll, mit einem so genannten „Brückensignal" zu arbeiten, das heißt, das Hörzeichen mehrfach bis zum Ende der Übung zu wiederholen – also so lange, wie der Hund noch festhält. So lernt er, den Gegenstand so lange zu halten, wie Sie das Hörzeichen sagen. Später wird dieses natürlich wieder abgebaut, dazu kommen wir gleich.

*Verwenden Sie sofort das Hörzeichen „Halte es". Nehmen Sie die Hände unter dem Gegenstand weg und erhöhen Sie die Dauer des Haltens langsam.*

Sie geben dem Hund also mit „Nimm es" den Gegenstand in den Fang und sagen Ihr gewünschtes Hörzeichen für das Halten am Anfang zwei Mal. Sie nehmen den Gegenstand wieder entgegen. Dazu können Sie mit dem Hörzeichen „Gib es mir" arbeiten oder der Hund gibt den Gegenstand von alleine in die Hand, die Sie ihm hinhalten. Belohnen Sie Ihren Vierbeiner mit einer Leckerei. Beim nächsten Mal sagen Sie das Hörzeichen dreimal, dann viermal und so weiter.

So können Sie die Zeit, in der der Hund den Gegenstand festhält, kontrolliert und ganz langsam erhöhen. Achten Sie darauf, das Hörzeichen nicht versehentlich dann zu sagen, wenn der Hund zu früh loslässt!

## *So wird's komplett*

Sobald der Hund verstanden hat, was Sie von ihm wünschen, wird die Hörzeichenwiederholung allmählich abgebaut. Das bedeutet, das Signalwort wird nur noch ein einziges Mal pro Kommando gegeben. Ich helfe dem Hund noch ein Weilchen mit meinem Sichtzeichen, dem nach oben ausgestreckten Zeigefinger, den ich später jedoch ebenfalls weglasse. Ihr schlauer Schüler hält nun zuverlässig den Gegenstand, bis er diesen von alleine in Ihre Hand legt oder auf das Hörzeichen „Gib es mir" abgibt.

Jetzt ist es auch nicht mehr weit zum „Nimm es mit".

## *Wenn es nicht klappt*

- Prüfen Sie, ob Ihr Hund das Material, welches Sie ihm anbieten, akzeptiert hat.
- Wechseln Sie das Objekt gegebenenfalls aus.
- Überdenken Sie die Größe des Objektes. Ist es eventuell zu groß oder zu klein für Ihren Hund?
- Klären Sie ab, ob der Hund Schmerzen hat.
- Siehe auch die allgemeinen Tipps im Kasten „Wenn es nicht klappt" (S. 14).

# Nimm es mit

„Nimm es mit“ bedeutet, Sie geben dem Hund einen Gegenstand aus der Hand in den Fang, der Hund hält diesen fest und läuft damit neben Ihnen her. Er könnte so zum Beispiel Ihre Tasche tragen. Wie praktisch! Es gibt im Handel übrigens inzwischen sogar eigene Hunde-Handtaschen mit einem stabilen Tragegriff aus Holz in der Mitte, den der Hund leicht aufnehmen und die Tasche daran tragen kann.

## *So geht's los*

Kann Ihr Hund bereits etwas festhalten, funktioniert „Nimm es mit“ in der Regel sehr schnell. Der Hund steht zu Beginn des Trainings vor Ihnen. Geben Sie Ihrem Vierbeiner den zu tragenden Gegenstand ins Schnäuzchen. Da Ihr Hund das „Halten“ bereits beherrscht, bewegen Sie sich nun einen Schritt rückwärts und setzen sofort wieder das gewünschte Hörzeichen ein. Nach diesem einen Schritt, den Ihr Hund Ihnen natürlich folgt, nehmen Sie den Gegenstand wieder an sich und loben und belohnen den schlauen Vierbeiner.

Hörzeichenabfolge:
Nimm es – Halte es – Nimm es mit (oder die von Ihnen gewünschten Wörter)

*Es genügt, wenn die pfiffige Colliehündin Eliza am Anfang den Gegenstand nur einen Schritt neben Frauchen herträgt. Längere Strecken werden Schritt für Schritt aufgebaut.*

Sichern Sie bitte den Gegenstand, den der Hund trägt, mit den Händen ab. Auch hier ist eine wichtige Regel: Der Gegenstand darf nicht auf den Boden fallen. Üben Sie anfangs gegebenenfalls mit einem Gegenstand, den Ihr Hund schon von alleine häufiger trägt, also zum Beispiel ein gerne genommenes Spielzeug oder einen kleinen Ball.

## Bitte nicht knautschen

Einige Hunde neigen zum sogenannten „Knautschen", also dem Herumkauen auf einem Gegenstand. Das verschafft dem Hund, vor allem, wenn er aufgeregt ist, eine gewisse Selbstbelohnung und beruhigt ihn. Um zu vermeiden, dass Ihr kleiner Servicehund beim Tragen von (Haushalts-) Gegenständen mehr Schaden anrichtet, als dass er für Entlastung sorgt, sollte er auf keinen Fall knautschen.
Erst einmal geht es darum festzustellen, ob Ihr Hund zum Knautschen neigt. Ziemlich knautschanfällig sind Schäfer- und Hütehunderassen, zum Beispiel auch der Collie, und molossoide Rassen wie Boxer und Bulldoggen. Weniger zum Knautschen neigen sogenannte Gun Dogs, wie zum Beispiel die Retriever und die Spaniel, die eigens dazu gezüchtet wurden, Jägern geschossenes Wild zu bringen, was sie niemals knautschen dürfen. In der Zucht wurde also darauf geachtet, dass die Hunde dieses Verhalten nicht zeigen – „Knautscher" wurden aus der Zucht genommen.
Beim „Anti-Knautsch-Training" müssen Sie äußerst schnell reagieren. Verwenden Sie einen harten Gegenstand, den der Hund gerade noch so akzeptiert. Ich verwende dafür gerne Plastik-Wurfringe, die nicht zu hart, aber auch nicht zu weich sind. Das „Nimm es" kann der Hund an dieser Stelle bereits, bieten Sie ihm also den Ring an. Nimmt er diesen in den Fang, nehmen Sie dem Hund den Ring sofort ab, wenn er auch nur ansatzweise Knautschverhalten zeigt. Natürlich wird er dafür nicht belohnt.
Bieten Sie dem Hund den Ring nochmals an und nehmen Sie den Ring wieder an sich, BEVOR Ihr Vierbeiner knautscht. Wenn Sie den Hund konsequent immer und nur dann belohnen, wenn er nicht zu knautschen beginnt, wird er es mit Sicherheit sein lassen. Es kann zwar einige Zeit dauern, aber es lohnt sich, an diesem Training wirklich beharrlich dranzubleiben.
Falls Ihr Hund zu den eher nervösen und aufgeregten Hundepersönlichkeiten gehört, üben Sie nach dem Gassigang oder trainieren Sie vorher etwas anderes, was er gut kann, sodass er „runterfahren" kann.

## So geht's weiter

Klappt das „Nimm es mit", wenn Sie sich einen Schritt von Ihrem Hund entfernt haben, verlängern Sie langsam die Strecken, die der Hund etwas tragen soll. Der Hund befindet sich noch immer vor Ihnen und Sie gehen rückwärts.

Beginnen Sie damit, die Absicherung des Gegenstandes mit den Händen immer weiter abzubauen. Es sollte mittlerweile nur noch selten oder gar nicht mehr vorkommen, dass der Hund den Gegenstand auf den Boden fallen lässt. Falls doch, heben Sie diesen kommentarlos auf und beginnen von neuem. Noch können Sie mit dem Objekt üben, das Ihr Vierbeiner von selbst gerne trägt.

*Auch wenn Frauchen stehen bleibt, behält Eliza den Gegenstand im Mäulchen. Die Colliehündin behält den Blickkontakt bei und lässt den Gegenstand auch nicht auf den Boden fallen.*

## So wird's komplett

Wenn Ihre neue Haushaltshilfe so weit ist, dass sie Gegenstände jetzt über eine längere Strecke trägt, beginnen Sie, sich anders zum Hund zu positionieren. Lassen Sie den Hund mal links von Ihnen, mal rechts von Ihnen etwas tragen.

Üben Sie von Anfang an beide Seiten. Optional kann auch noch zusätzlich geübt werden, dass der Hund hinter Ihnen läuft, während er etwas trägt. Ihr Vierbeiner sollte in seiner „tragenden Rolle" jetzt auch andere, neue Gegenstände tragen lernen.

## Wenn es nicht klappt

- Stellen Sie sicher, dass Ihr Hund nicht knautscht. Nehmen Sie ihm das Objekt gegebenenfalls weg und üben Sie nochmal „Halte es" ohne Knautschen.
- Trainieren Sie nicht mit dem Lieblingsspielzeug des Hundes. Dies verführt den Hund erst recht zum Knautschen und unter Umständen zum Spielen.
- Prüfen Sie die Größe des Objektes. Ist es zu groß oder zu schwer für den Hund?
- Soll Ihr Hund den Gegenstand vielleicht schon zu weit tragen? Gehen Sie zu Beginn des Trainings nur einen Schritt und arbeiten Sie sich langsam Schritt für Schritt weiter.
- Siehe auch die allgemeinen Tipps im Kasten „Wenn es nicht klappt" (S. 14).

# Heb es auf

„Heb es auf" bedeutet, dass der Hund einen Gegenstand vom Boden aufhebt. Bei einem heruntergefallenen Gegenstand oder der auf dem Boden liegenden Leine brauchen Sie sich nicht mehr bücken! Achtung: Der Gegenstand wurde vorher NICHT geworfen, es geht nicht um das Apportieren und Bringen! „Echte" Assistenzhunde können so zum Beispiel Rollstuhlfahrern Gegenstände aufheben und bringen, die sich außerhalb ihrer Reichweite befinden – vom Schlüssel über den Handschuh bis zur Geldbörse. Eine praktische Fähigkeit!

## *So geht's los*

Die Voraussetzung ist, dass Ihr Hund mittlerweile Gegenstände verlässlich in den Fang nimmt. Platzieren Sie das Objekt, das der Hund aufheben soll, nun auf dem Boden direkt vor dem Hund. Wie erwähnt, es geht nicht um das Apportieren, der Gegenstand wird nicht geworfen. Der Hund soll den Gegenstand nicht bringen, sondern nur aufheben und Ihnen in die Hand geben. Wie immer führen wir gleich zu Beginn das Hörzeichen ein, auch wenn der Hund den Gegenstand nur ein ganz kleines bisschen vom Boden aufhebt. „Heb es auf" ist hier naheliegend.

Sobald Ihr Vierbeiner den Gegenstand nur einen Zentimeter vom Boden aufhebt, nehmen Sie diesen mit der Hand an. Verwenden Sie zunächst etwas, was der Hund gerne aufnimmt, etwa ein geliebtes Spielzeug oder ein Bällchen. Hier müssen Sie schnell reagieren und die Hand unter den Gegenstand schieben, bevor er wieder auf dem Boden liegt. Haben Sie den Gegenstand in der Hand, wird der Hund gelobt und belohnt.

*Mit Eliza wird noch immer mit einem Gegenstand geübt, den sie gerne in die Schnauze nimmt. Das Hörzeichen „Heb es auf" wird mit einem helfenden Fingerzeig unterstützt.*

Wichtig ist auch hier: Der Gegenstand muss IMMER in Ihrer Hand landen. Fällt er auf den Boden, darf es sich für den Hund nicht lohnen.

Aktionen wie diese können auch sehr gut aufgebaut werden, während Sie selbst sitzen. Gerade bei kleinen Hunden bietet sich das an, damit Sie sich nicht zu lange so tief bücken müssen. Sie können sich zum Üben dieser „Dienstleistung" am Anfang also gemütlich auf das Sofa oder zum Hund auf den Boden setzen. In dieser Position können Sie auch schneller die Hände unter den Gegenstand schieben.

## *So geht's weiter*

Wenn Ihr Hund es geschafft hat, den Übungsgegenstand ein paar Zentimeter hochzuheben, soll es im nächsten Schritt weiter in die Höhe gehen. Ihr Hund sollte verstanden haben, dass es darum geht, den Gegenstand aufzuheben und in Ihre Hand zu legen. Halten Sie die offene Hand, in die der Hund den Gegenstand geben soll, immer etwas höher, sodass der Hund den Kopf automatisch ebenfalls höher heben muss. Der Gegenstand liegt noch immer direkt vor dem Hund auf dem Boden.

Bringen Sie nicht zu viel Bewegung und damit Unruhe in die Übung, indem Sie den Gegenstand immer wieder zum Hund schieben. Sehr verspielte Hunde könnten sich

*Pflichtbewusst hebt Eliza den angezeigten Gegenstand auf. Sie macht sich damit nicht aus dem Staub, sondern wartet, wie es weitergehen soll.*

dazu verleiten lassen, ein Spiel zu beginnen. Bewegt sich der Hund seitlich oder rückwärts vom Gegenstand weg, holen Sie ihn mit einem Kommando wieder zu sich, das er schon kennt. Zum Beispiel „hierher", also ein Kommando, mit dem Sie den Hund auch sonst näher zu sich heranholen möchten.

Selbstverständlich wird Ihr kleiner Assistent überschwänglich gelobt, wenn es geklappt hat.

## *So wird's komplett*

Falls Sie die Dienstleistung im Sitzen aufgebaut haben, stehen Sie nun auf.

Ihr Vierbeiner hat inzwischen bestenfalls verstanden, dass der Gegenstand, der auf dem Boden liegt, in Ihrer Hand landen soll. Platzieren Sie den Gegenstand nun etwas weiter weg vom Hund und erhöhen diese Distanz im Trainingsverlauf langsam.

Legen Sie das Übungsobjekt am Anfang nicht zu weit weg, maximal einen halben Meter vom Hund entfernt. Bitte nicht werfen! „Heb es auf" ist eine ruhige, langsame Aufgabe. Werfen würde zu viel Bewegung und Aktion in den Hund bringen. Der Hund soll langsam zum auf dem Boden liegenden Gegenstand gehen, diesen aufheben und Ihnen in die Hand geben.

Wie schon einmal erwähnt, erspart Ihnen eine sauber aufgebaute Basis viel Korrekturarbeit, die in der Regel viel länger dauert.

Der Übergang zu „Gib es mir" ist nun fließend, indem Sie die Distanzen oder die Position des Gegenstandes verändern. Ein Halsband könnte zum Beispiel an der Garderobe hängen anstatt auf dem Boden zu liegen.

## *Wenn es nicht klappt*

- Achten Sie darauf, dass das Objekt nicht zu weit weg liegt. Es geht nicht darum, zu apportieren.
- Ist eventuell zu viel Bewegung in der Übung, was den Hund aufwühlt? Schieben Sie den Gegenstand nicht mit der Hand oder dem Fuß in Richtung Hund.
- Korrigieren Sie immer den Hund zum Gegenstand, nicht umgekehrt. Also nicht den Gegenstand näher zum Hund schieben, sondern den Hund neu positionieren und ansetzen. Der Gegenstand bleibt, wo er ist.
- Bringen Sie Ruhe in die Übung, indem Sie sich einfach auf das Sofa oder einen Stuhl setzen. So können Sie nicht anders, als den Gegenstand in Ruhe zu lassen und Ihrem Hund nicht nachzulaufen, sollte er sich zur Seite oder rückwärts davonbewegen. Positionieren Sie ihn einfach mit Stimmkommando neu.

# Gib es mir

„Gib es mir“ bedeutet, der Hund hebt Ihnen den gewünschten Gegenstand auf bzw. bringt ihn und gibt Ihnen diesen in die Hand. Sehr praktisch, wenn Sie schnell mal ein Staubtuch benötigen, das Ihnen der Hund in die Hand gibt. Auf das Hörzeichen gibt der Hund den Gegenstand sofort ab.

## *So geht's los*

Die Tätigkeit „Gib es mir“ kann direkt nach dem „Heb es auf“ oder nach dem „Nimm es mit“ verlangt werden. Ziel ist, egal was der Hund aufhebt oder getragen hat, er gibt den Gegenstand sofort und ohne Zögern in Ihre Hand ab. Dieses Signal ist auch praktisch in Situationen, in denen der Hund etwas abgeben soll, was er eigentlich nicht haben darf.

Verwenden Sie bereits im Training Sachen, die Ihnen der Hund später aufheben oder bringen und abgeben soll. Das kann ein kleiner Besen, eine kleine Kehrschaufel, ein Putztuch oder die Leine sein – oder eben Dinge, die heruntergefallen sind. Greifen Sie auch hier zu Trainingsbeginn sofort wieder zu Gegenständen aus unterschiedlichen Materialien, um den Hund an alles zu gewöhnen.

### Abgeben nach „Heb es auf“

Zu Anfang machen wir es dem Hund einfach. Der Gegenstand, den der Hund aufheben und abgeben soll, liegt direkt vor ihm. Beginnen Sie nicht unbedingt mit einem Spielzeug, da das den Hund verleitet, damit wegzulaufen und ein Spiel zu beginnen.

Ihr Vierbeiner kennt bereits das Hörzeichen „Heb es auf“. Halten Sie, nachdem der Hund den Gegenstand aufgehoben hat, beide Hände unter den Gegenstand und führen Sie das Hörzeichen „Gib es mir“ ein. Gibt er den Gegenstand, eventuell auch nur zufällig, ab, wird er sofort belohnt. Fällt der Gegenstand auf den Boden, ignorieren Sie das bitte kommentarlos und beginnen wieder mit „Heb es auf“.

### Abgeben nach „Nimm es mit“

Ihr Hund beherrscht die Hörzeichen „Nimm es“ und „Nimm es mit“. Geben Sie dem Hund einen beliebigen Gegenstand in den Fang. Laufen Sie zwei bis drei Schritte, drehen Sie sich zum Hund und verwenden Sie das Hörzeichen „Gib es mir“. Zum Abgeben steht Ihr Hund immer. Bei nervösen und übermotivierten Hunden kann aber auch eine Ruheposition (Sitz) behilflich sein, um ihm ein ruhiges und zielgerichtetes Abgeben anzutrainieren.

Sie halten nun wieder beide Hände unter den Gegenstand. Belohnt wird Ihr neuer Haushaltshelfer nur, wenn der Gegenstand präzise auf den Händen landet.

*Das Spielzeughäschen wurde in Frauchens Hände abgegeben. Eliza hat das Spielzeug nicht auf den Boden fallen lassen.*

## *Kurz vorgestellt – Die Warnhunde*

**Diabetes-Warnhund**

Diabetes-Warnhunde gibt es offiziell noch nicht so lange. 2003 begann die Ausbildung der ersten Hunde in den USA, erst 2007 starteten die ersten Ausbildungen in Deutschland.

**Epilepsie-Warnhund**

Die ersten Berichte über Hunde, die epileptische Anfälle im Vorhinein „anzeigen", stammen aus den späten 1980er Jahren. Gezielt ausgebildet werden Epilepsie-Warnhunde in den USA seit 1996, in Deutschland seit 2004.

**MS-Warnhund (Multiple Sklerose)**

Begleithunde für Patienten mit Multiple Sklerose absolvieren in der Regel eine individuell angepasste LPF (LebensPraktischeFähigkeiten)- oder Assistenzhund-Ausbildung. Die benötigten lebenspraktischen Fähigkeiten (LPF) und somit das Aufgabenspektrum des Hundes kann im Laufe der Zeit stark variieren, da die Erkrankung in vielförmigen Schüben verläuft. Das wirkt sich auch auf das Aufgabenspektrum des Hundes aus.

**Aufgaben**

Irrtümlicherweise wird häufig angenommen, dass der Hund Diabetes nur über seine Nase bemerkt. Es sind jedoch mehrere Faktoren, an denen Hunde eine

## *So geht's weiter*

### Abgeben nach „Heb es auf"

Der Gegenstand, den der Hund aufheben soll, wandert im weiteren Verlauf des Trainings immer weiter weg. Das heißt, platzieren Sie den Gegenstand in immer weiterer Entfernung zum Hund und zu Ihnen. Er wird nicht geworfen, es geht nicht um Apportieren.

Anstatt beide Hände halten Sie bald nur noch eine Hand unter den Gegenstand. Der Hund lernt so besser zu zielen. Bestehen Sie darauf, dass der Vierbeiner den Gegenstand langsam und gezielt abgibt. Nur dann bekommt er eine Belohnung.

### Abgeben nach „Nimm es mit"

Gehen Sie immer mehr Schritte zusammen mit dem Hund, sodass er den Gegenstand nun immer länger tragen muss. Verändern Sie die Positionen zum Hund. Mal stehen Sie vor ihm, mal neben ihm, wenn er Ihnen den Gegenstand in eine Hand geben soll.

bevorstehende Unterzuckerung oder einen epileptischen Anfall im Voraus erkennen können.
Sowohl bei Diabetes als auch bei Epilepsie sinkt vor der akuten Phase die Sauerstoffsättigung im Blut. Dadurch verändert sich nicht nur der Geruch des Patienten. Auch Bewegungen werden langsamer und unkoordinierter, die Stimme verändert sich, der Patient spricht langsamer. Dies sind Faktoren, die den Hund aufmerksam werden lassen und dazu führen, dass er seinen Menschen warnt.

**Ausbildung**
Eine Ausbildung im klassischen Sinne gibt es nur beim MS-Warnhund zusätzlich, nicht jedoch bei Diabetes- und Epilepsie-Warnhunden. Der Hund wird sozusagen als Warnhund geboren. Bei der Auswahl eines Warnhundes werden Welpen dahingehend getestet, wie sie auf Menschen reagieren, die an den genannten Krankheiten leiden. Persönliche Gegenstände der Patienten dienen als Geruchsmuster und/oder die Welpen gehen für ein paar Tage in die Familien der Patienten, um zu testen, wie sie sich verhalten.
Je nach individuellen Bedürfnissen werden dann bestimmte Verhaltensweisen, die der Hund von alleine zeigt, gefördert. Zum Beispiel das Anstupsen mit der Nase, Anspringen, Bellen oder Pfote-Auflegen.

## So wird's komplett

Sie könnten als Zusatzoption mehrere Räume in das Training einbauen. Schicken Sie den Hund in einen anderen Raum, um etwas aufzuheben, zu bringen und Ihnen anschließend in die Hand zu geben. Lassen Sie ihn etwas über mehrere Räume hinweg tragen.

Bestehen Sie konsequent darauf, dass der Hund sauber und langsam arbeitet.

Immer wieder erlebe ich, dass Hunde allem voran Spielzeuge nicht mehr hergeben möchten. Getreu dem Motto: „Ich habe es, es gehört für immer mir". In der Praxis habe ich Fälle erlebt, in denen es dadurch, dass der Hund etwas nicht hergeben wollte, sogar zu Verletzungen des Halters kam.

Das schon beim Welpen konsequent und positiv aufgebaute „Gib es mir" kann viele Probleme bereits im Vorfeld verhindern. Damit der Hund einen Gegenstand hergibt, bieten Sie ihm bei diesem Training immer eine Alternative im Tausch an. Entweder ein gleichwertiges Spielzeug oder sogar ein für ihn höherwertiges Leckerchen. Der Hund darf nie das Gefühl bekommen, dass er etwas „verliert".

## Wenn es nicht klappt

- Üben Sie nicht mit dem Lieblingsspielzeug oder einem Zerrspielzeug. Junge, verspielte Hunde verleitet dies eher zu einem Spiel.
- Auch hier gilt: Je weniger Bewegung im Training ist, desto konzentrierter ist der Hund. Bauen Sie das „Gib es mir" im Sitzen auf, d. h. Sie selbst sitzen auf einem Stuhl oder Sessel. So kommt mehr Ruhe in die Situation.
- Achten Sie darauf, dass sich der Hund mit Knautschen nicht selbst belohnt. Nehmen Sie den Gegenstand an sich und beginnen Sie von vorne.

# Wäscheservice und andere Aufräumarbeiten

Nachdem die Basis-Kommandos für unseren kleinen Servicehund nunmehr sitzen, können wir uns gemeinsam an konkrete Haushaltsaufgaben wagen. Der Wäscheberg wartet doch bestimmt schon darauf, aufgeräumt zu werden.

# Gewöhnung an unterschiedliche Materialien

Arbeiten Sie von Anfang an daran, dem Hund alle möglichen verschiedenen Materialien „schmackhaft" zu machen. Viele Hunde nehmen nur Stoff oder Holz, maximal Plastik in den Fang, weil sie nicht mit anderen Materialien konfrontiert wurden. Wünschen Sie, dass Ihre angehende Haushaltshilfe einen Schlüssel holt, wird es häufig schon schwierig.

Auch Faktoren wie Dicke, Geruch, Gewicht, Größe und Temperatur der Materialien können beim Trainieren eine Rolle spielen. Kaltes Metall nimmt der Hund meist nicht so gerne ins Schnäuzchen wie einen gut riechenden, weichen Futterbeutel. Wenn der Hund verschiedene Gegenstände aus unterschiedlichen Materialien aufräumen soll, muss er zunächst behutsam daran gewöhnt werden.

Bei Plastik unterscheiden wir zwischen Weichplastik wie zum Beispiel Plastiktüten oder Folien und Hartplastik wie Kugelschreiber, Telefon, Fernbedienung und so weiter.

Das bei Hunden wohl unbeliebteste Material dürfte Metall sein. Es ist hart, es ist kalt, es riecht nicht gut. Der Gewöhnungsaufbau an Metall läuft grundsätzlich so ab wie bei Plastik, jedoch werden Sie hier wahrscheinlich mehr Geduld brauchen.

Es gibt ein paar kleine Tricks, um den Vierbeiner an neue Materialien heranzuführen:

- Verwenden Sie alte Socken in unterschiedlicher Dicke und stecken Sie das Material, an das der Hund sich gewöhnen soll, hinein. Als erstes in eine dicke Wollsocke, danach in eine Sportsocke, dann in ein dünneres Söckchen und zum Schluss in einen Nylonstrumpf.
- Umwickeln Sie das Objekt, an das der Hund sich gewöhnen soll, mit einer Verbandsbinde. Zuerst relativ dick, dann wird die Umwickelung immer dünner, bis sie ganz wegbleibt.
- Verwenden Sie leichte Plastik- und Metallteile. Versuchen Sie es mit einem Teelöffel oder lassen Sie den Hund den Bügel eines kleinen Eimers nehmen. Steigern Sie langsam die Größe und das Gewicht der Objekte.

Achten Sie unbedingt darauf, dass es sich bei den Übungsteilen niemals um Plastikfetzen, metallische Kleinteile oder ähnliches handelt, woran der Hund sich verletzen, verschlucken oder gar ersticken könnte. Dies gilt selbstverständlich auch für den „fertigen" vierbeinigen Helfer.

Keinesfalls sollten Sie den Gegenstand mit Leberwurst oder anderen Lockmitteln einreiben. Dadurch neigen Hunde zum Knautschen oder werden dazu verleitet, den Gegenstand sofort wieder fallen zu lassen und abzulecken oder ihn gar vor lauter Gier zu verschlucken. Wenn Sie eine sehr hochwertige Belohnung verwenden wollen, geben Sie diese erst, wenn der Hund das angebotene Material in den Fang nimmt.

## *So geht's los*

Legen Sie sich zwei unterschiedlich große und unterschiedlich schwere Gegenstände aus Plastik zurecht, zum Beispiel eine Packung Taschentücher und eine Fernbedienung. Verwenden Sie am Anfang keine Gegenstände, die Ihnen wichtig sind, also bitte nicht den teuren Lieblingskugelschreiber und nicht die in Gebrauch befindliche Fernbedienung für den Fernseher.

Bieten Sie Ihrem Vierbeiner einen der Gegenstände an. Wie immer wird gleich das erste Befühlen mit dem Fang belohnt. Dann bieten Sie Ihrem Hund den zweiten Gegenstand an und belohnen auch hier den Moment, in dem der Hund ihn befühlt.

*Der Chinese Crested Rüde Melman soll sich an Weichplastik gewöhnen. Frauchen bietet ihm die Taschentücherpackung an und motiviert ihn, diese in den Fang zu nehmen.*

*Am Anfang genügt eine leichte Berührung mit dem Näschen, die bereits belohnt wird. Später wird nur noch belohnt, wenn Melman die Packung ins Schnäuzchen nimmt.*

## So geht's weiter

Sobald Ihr Hund die zwei Gegenstände ohne Zögern mit der Schnauze berührt, warten Sie, bis er sie öffnet und den Gegenstand wenigstens ansatzweise in den Fang nimmt. Verwenden Sie gleich wieder die Hörzeichen „Nimm es" und „Halte es".

Geben Sie dem Hund Zeit, sich an das Objekt zu gewöhnen. Keinesfalls wird es ihm in das Mäulchen gedrückt, so erzeugen Sie eher Abneigung und Meideverhalten. Wenn sich der Hund beharrlich weigert, das Objekt aufzunehmen, unterbrechen Sie die Übung lieber oder verwenden Sie wieder eine dickere Umwickelung.

## So wird's komplett

Haben Sie das Objekt umwickelt und der Hund nimmt es schließlich an, wird diese Umwickelung im Laufe des Trainings immer dünner. Belohnen Sie nun nur noch, wenn Ihre zukünftige Haushaltshilfe den Gegenstand ganz in den Fang nimmt. Noch ist es egal, wie lange der Hund das Objekt festhält. Die Dauer des Haltens sollten Sie langsam erhöhen. Verwenden Sie wieder die Selbstkontrolle, indem Sie das Wort „Halte es" erst einmal, dann zweimal, dann dreimal und so weiter sagen.

Auch hier gilt die Regel: Das Objekt sollte nie zu Boden fallen.

Wechseln Sie die Objekte ab. Mal ist es etwas aus Weichplastik, mal wird dem Hund Hartplastik angeboten. So lernt der Vierbeiner gleich, dass er jede Art von Plastik in den Fang nehmen kann.

## Wenn es nicht klappt

- Verwenden Sie für den Hund passende Gegenstände, die nicht zu groß oder zu klein sind.
- Üben Sie keinen Druck aus. Wenn sich Ihr Hund beharrlich weigert, Plastik oder Metall in den Fang zu nehmen, sollten Sie sich damit abfinden. Genau wie bei

## Metall

*Bei einem echten Servicehund ist eine Gewöhnung an alle Materialien sehr wichtig. Auch Eliza soll lernen, eine Blechdose in den Fang zu nehmen und zu halten.*

Beginnen Sie mit einem kleinen Gegenstand, der nicht zu schwer ist. Ein Teelöffel, ein Teestab oder ein Kugelschreiber aus Metall eignen sich für die ersten Übungen am besten. Verfahren Sie äußerst vorsichtig und achten Sie darauf, dass das Objekt nicht zu kräftig an die Fangzähne des Hundes stößt. Das fühlt sich sehr unangenehm an und der Hund kann dadurch ein Meideverhalten aufbauen.

Üben Sie zunächst auf Teppichböden. Viele Hunde schüchtert es nämlich ein, wenn Metall zum Beispiel auf Fliesen fällt und dabei ein lautes Geräusch verursacht – und die Erfahrung zeigt: Der Metallgegenstand wird anfangs mit Sicherheit öfter auf den Boden fallen.

Belohnen Sie schon kleinste Berührungen mit dem Fang des Hundes. Machen Sie ihm dieses Material so „schmackhaft" wie möglich.

Es kann dauern, bis der Hund sich an Metall gewöhnt, geben Sie ihm ausreichend Zeit.

Es gibt Hunde, die sich an Metall nie herantrauen. Sie sollten es akzeptieren, wenn es Ihr Hund konsequent ablehnt.

Tricks ist meine Philosophie: Verweigert der Hund etwas unablässig, dann hat er einen Grund dafür. Dann lasse ich diese Übung sein und beginne einfach etwas anderes.

- Setzen Sie Ihre Erwartungen nicht zu hoch an.
- Bieten Sie Ihrem Hund die Objekte an und warten Sie einmal ab, was er selbst damit macht. Belohnen Sie jedes Untersuchen des Objektes mit dem Fang und bauen Sie so langsam eine immer größere Annäherung an das Material auf.

*Mutprobe – für meine Mischlingshündin Honey sind auch Metalllöffel kein Problem. Sie wurde von Anfang an über positive Bestätigung an alle Materialien gewöhnt.*

## *Aufräumfähigkeiten üben*

**Aufheben von verschiedenen Untergründen**

Das Aufheben von verschiedenen Untergründen kann während des zweiten Übungsschrittes „Heb es auf“ (siehe S. 24) parallel geübt werden. Variieren Sie den Untergrund, von dem Ihre vierbeinige Hilfe Gegenstände aufheben soll. Sie sollte Teppiche, Fliesen, Holz, Beton, Steinplatten, Kunststoff und Bodenbeläge wie Linoleum kennen lernen.

**Gegenstände aus diversen Behältnissen herausholen**

Wir werden noch zu Übungen kommen, bei denen der Hund Haushaltsgegenstände aus einem Behältnis holen soll. Verwenden Sie hierfür nicht immer den gleichen Korb oder die gleiche Schachtel. Von Anfang an soll der Hund lernen, dass man Objekte aus großen und kleinen Eimern, aus Stoffsäckchen oder Tüten, aus Schubladen und Regalen herausholen kann. Präsentieren Sie Ihrem Hund während den Übungen also immer wieder ein anderes Gefäß, aus dem er ein Objekt herausholen soll. Auch das kann parallel zu „Heb es auf“ (siehe S. 24) oder zu „Gib es mir“ geübt werden.

# Aufräumen

Lässt Ihr Hund auch überall Spielzeug herumliegen, ohne es wieder aufzuräumen? Oder hätten Sie gerne Hilfe dabei, wenn Sie die Sockenschublade einräumen? Dann lassen Sie das in Zukunft doch den Verursacher der Unordnung beziehungsweise Ihren neuen Gehilfen machen, der Ihnen mit helfender Schnauze zur Seite steht. Neben dem Spaß beim gemeinsamen Arbeiten sparen Sie auch noch viel Zeit.

Ihr Hund sollte Ihnen zu Beginn dieser Übung bereits etwas in die Hand geben können. Die Grundvoraussetzung fürs Aufräumen sind also die Kommandos „Heb es auf“ und „Gib es mir“. Damit ist es dann zum Aufräumen nicht mehr weit.

## *So geht's los*

Die Ausgangssituation ist: Ihr Hund kennt Ihre Hand als Ziel für Gegenstände und kann Ihnen punktgenau etwas dorthinein geben.

Am Anfang der Übung können Sie dabei gerne sitzen. Übungen, die im Sitzen aufgebaut werden, laufen ruhiger ab.

*Die Hand als Ziel kennt die kleine Honey schon von „Gib es mir“. Über den Korb gehalten, dient ihr die Hand als Zielhilfe, wo genau das Spielzeug hin soll.*

Platzieren Sie am Anfang einen relativ großen Korb oder eine Schachtel (Schuhkartons eignen sich gut) zwischen Ihnen und dem Hund. Der Gegenstand, den der kleine Haushaltsschüler aufräumen soll, liegt vor ihm. Da Ihre zukünftige Hilfe Ihre Hand als Ziel kennt, halten Sie die Hand mittig über den Korb / die Schachtel.

Motivieren Sie Ihren Hund, den bereitgelegten Gegenstand aufzuheben und Ihnen in die Hand zu geben. Verwenden Sie zu diesem Zeitpunkt noch die Kommandos, die der Hund schon kennt. Wir wollen es ihm einfach machen.

In dem Moment, in dem Ihr Hund den Gegenstand in Ihre Hand legen möchte, ziehen Sie die Hand zurück, sodass der Gegenstand in den Korb / die Schachtel fällt. In diesem Moment führen Sie schon das neue Hörzeichen „Aufräumen" ein.

## *So geht's weiter*

Lassen Sie Ihre Hand immer weiter von der Mitte des Korbes oder der Schachtel in Richtung Rand wandern. Der Hund kann nun gar nicht anders, als den Gegenstand in den Korb / die Schachtel fallenzulassen, der / die noch immer zwischen Ihnen und ihm steht. Verwenden Sie unterschiedliche Gegenstände. Ihr Vierbeiner soll von Anfang an lernen, dass er verschiedene Objekte aufräumen kann. Das hält die Übung auch abwechslungsreich und spannend.

Jetzt ist auch die Zeit dafür, Korb und Schachtel auszutauschen und die Behältnisse zu variieren, in die der Hund etwas hineinlegen soll. Nehmen Sie zum Beispiel einen Wäschekorb, einen Eimer oder eine Schublade.

Sie können Ihrem Hund noch immer kleine Hilfen mit der Hand geben, die jedoch im Laufe des Trainings wegfallen sollten.

*Die Hand wird im Laufe des Trainings weiter zum Rand hin gearbeitet. Der Hund wird in dem Moment belohnt, in dem das Spielzeug in den Korb fällt.*

## So wird's komplett

Bisher befand sich das Behältnis zwischen Ihnen und dem Hund. Beginnen Sie nun, es etwas weiter weg und seitlich zu positionieren. Inzwischen sollten Sie auch bei der Übung stehen und nicht mehr sitzen.

Hat Ihr Hund verstanden, um was es geht, variieren Sie die Größen der Behälter. Mal soll der Hund etwas in einen großen Wäschekorb legen, dann einen Gegenstand in einen kleinen Eimer. Je kleiner das Behältnis wird, desto genauer muss der Hund zielen lernen. Dabei können Sie ihm weiterhin mit einem kleinen Fingerzeig helfen.

*Am Ende des Trainings kann die Hand weggelassen werden. Die blitzgescheite Hündin Honey hat verstanden, dass sie ihr Spielzeug in den Korb aufräumen soll.*

## Wenn es nicht klappt

- Üben Sie nochmals das „In die Hand geben“. Möglicherweise hat Ihr Hund die Hand als Ziel noch nicht verinnerlicht.
- Verwenden Sie einen größeren Behälter, in den der Hund aufräumt.
- Verwenden Sie kleinere Gegenstände, die der Hund aufräumen soll.
- Der Gegenstand, den der Hund aufräumen soll, darf nie geworfen werden.
- Prüfen Sie, ob die Distanz zwischen Hund und Behältnis eventuell zu groß ist.

# Waschmaschine einräumen

Diese klassische Aufgabenstellung für „echte" Assistenzhunde, die gehandicapten Menschen helfen, kann für uns alle im Alltag eine nützliche und spaßige Sache sein. Für Zwerghunde ist diese Hilfestellung an handelsüblichen Waschmaschinen nicht leicht, was nicht heißt, dass sie das Prinzip nicht lernen können. Machen Sie doch einfach einen witzigen Trick daraus und verwenden Sie eine Puppenkleider-Waschmaschine.

Im Prinzip bleibt die Aufgabe für den Hund die gleiche wie beim Aufräumen. Wenn er das Aufräumen bereits gelernt hat, können Sie das Hörzeichen also auch hier verwenden.

## *So geht's los*

Reagiert Ihr Hund zögerlich oder ängstlich, wenn er seinen Kopf in die Waschtrommel der Maschine hineinschieben soll, können Sie das mit einem großen Plastik-Blumentopf oder einem Eimer üben. Verwenden Sie auf jeden Fall einen dunkelfarbigen Topf, da es in der Waschmaschinentrommel ebenfalls dunkel ist, am besten eignen sich schwarze Pflanzengefäße.

Legen Sie den Blumentopf mit der Öffnung nach vorne auf einen Hocker oder Stuhl. Platzieren Sie ein Leckerchen darin, welches der Hund nun herausholen soll. Stibitzt sich der Hund das Leckerchen ohne Zögern, verlegen Sie diese Übung zur Waschmaschine. Zögert der Hund noch, üben Sie mit dem Gefäß weiter, bis das Zögern wegfällt.

Verlegen wir die Arbeit an die Waschmaschine, machen wir es dem Hund leicht, wenn wir einfach das Hörzeichen „Aufräumen" verwenden. Die Arbeit bleibt ja für den Hund die gleiche: ein Objekt IN etwas hineinlegen.

Wenn ein Paar Socken oder ein anderes kleines Wäscheteil direkt vor der Waschmaschine liegt, motivieren Sie den Hund, dieses aufzuheben und die Wäsche in die Waschmaschine zu legen. Sie können am Anfang wieder mit einem Handzeichen helfen, indem Sie zum Beispiel auf die Maschinenöffnung deuten.

Fallen die Socken vor der Maschine auf den Boden, ignorieren Sie dies bitte kommentarlos. Ermuntern Sie die neue Wäscheservicekraft dazu, die Socken erneut aufzuheben und in die Waschtrommel zu legen.

Die Labradorhündin Gerda hat die Socken aufgehoben, die vor der Maschine lagen. Sie können das für den Hund schon bekannte Hörzeichen „aufräumen“ verwenden.

## So geht's weiter

Jetzt soll die zukünftige Haushaltshilfe mehrere Wäschestücke hintereinander in die Waschmaschine legen. Platzieren Sie die Wäsche, die in die Maschine soll, gerne in einem Wäschekorb. Der Wäschekorb steht neben dem Hund, der Hund direkt vor der Waschmaschine.

Ermutigen Sie Ihren Vierbeiner nun, mehrere Socken hintereinander in die Maschine zu legen. Variieren Sie die Wäschestücke. Von Mal zu Mal sollten diese jetzt langsam etwas größer werden. Belohnt wird nun nur noch, wenn mehrere Wäschestücke hintereinander in die Maschine aufgeräumt wurden.

## So wird's komplett

Wenn Sie möchten, können Sie jetzt wieder die Distanzen erhöhen, indem Sie den Hund zu einem weiter entfernt stehenden Wäschekorb schicken, aus dem er ein Wäschestück holen soll. Natürlich beginnen Sie zunächst mit einer kurzen Entfernung.

Abgeschlossen ist die Übung „Waschmaschine einräumen“, wenn Ihre zukünftige Haushaltshilfe Wäschestücke unterschiedlicher Größe und aus verschiedenen Distanzen holt und in die Maschine räumt.

*Sorgfältig legt das kluge Labradormädchen die Socken zu der Wäsche, die sich schon in der Waschmaschine befindet.*

## *Wenn es nicht klappt*

- Zögert der Hund noch immer, den Kopf in die Waschmaschine zu stecken? Üben Sie nochmals mit dem Pflanzengefäß das „Den Kopf hineinstecken".
- Sind die Wäschestücke eventuell zu groß? Beginnen Sie mit Socken.
- Fühlt sich der Hund in dem Raum, in dem die Waschmaschine steht, wohl?
- Schaffen Sie eine entspannte Atmosphäre.

# Waschmaschine ausräumen

Sie sollten nicht gerade mit dem zwei mal zwei Meter großen Spannbetttuch beginnen. Es ist nicht Sinn der Sache, dass Ihre angehende Wäschehilfe das frisch gewaschene Betttuch über den Boden schleppt. Fangen Sie mit kleineren Wäscheteilen oder kleinen Handtüchern an. Voraussetzung: Ihr Vierbeiner zögert nicht mehr, seine Nase in die Waschmaschine zu stecken. Er hat die Hörzeichen „Bring" und „Gib es mir" gelernt.

## *So geht's los*

Objekte ausräumen lernen Hunde in der Regel wesentlich schneller als das Einräumen. Hunde holen häufig ihre Spielzeuge aus Eigenmotivation aus dem Spielzeugkorb, was uns die Gelegenheit bietet, gleich das Hörzeichen „Ausräumen" einzuführen. Das können Sie dann gleich auf die Waschmaschine übertragen.

Unsere Übung mit dem Blumentopf (siehe S. 40) hat dafür gesorgt, dass Ihre zukünftige Hilfe den Kopf ohne Zögern in die Waschmaschine hineinschiebt. Das naheliegendste Hörzeichen wäre, wie schon erwähnt, „Ausräumen". Ich persönlich entscheide mich immer für Hörzeichen, die einen direkten Bezug zur Aufgabe haben, sodass ich nicht lange überlegen muss, welches Wort ich für welche Aktion eingeführt habe.

Legen Sie ein Paar Socken oder ein anderes kleines Wäschestück in die Waschmaschinentrommel und stehen Sie direkt neben der Maschine. Beginnen Sie am Anfang wirklich nur mit einem Wäschestück. Für den Hund ist es eine große Mutprobe, seinen Kopf in eine Waschmaschinentrommel zu stecken. Wir wollen keinesfalls, dass er auch nur ansatzweise schlechte Erfahrungen damit macht. Hier ist eine hochwertige Belohnung angesagt.

Animieren Sie den Vierbeiner, ein Wäschestück aus der Trommel zu holen: Lassen Sie das Wäschestück ein ganz kleines bisschen aus der Maschine hängen und/oder verwenden Sie das Hörzeichen „Nimm es". Lässt Ihr Hund das Wäschestück fallen, verfahren wir wie bei der Übung „Gib es mir": Auf den Boden fallen lassen gilt nicht. Heben Sie das Wäschestück kommentarlos auf und legen es zurück in die Maschine.

Bestehen Sie darauf, dass Ihnen der Vierbeiner das Wäschestück in die Hand gibt, wenn er es aus der Maschine holt. Nur dann gibt es eine Belohnung.

*Auch das Ausräumen der Maschine ist für Gerda kein Problem. Vorsichtig zieht sie die Socke nach dem Waschen heraus.*

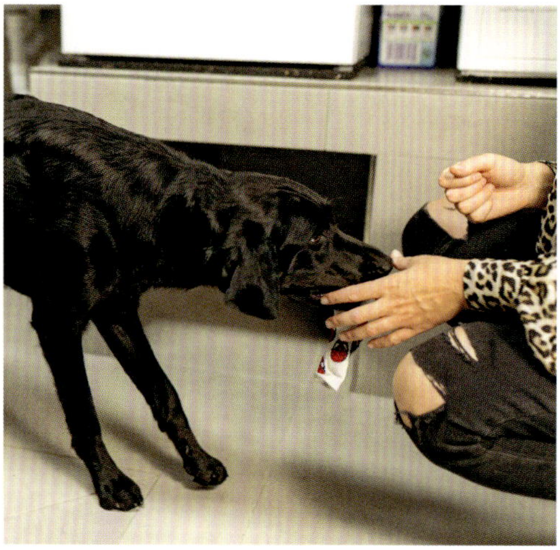

*Nachdem Gerda die Socke aus der Waschmaschine geholt hat, gibt sie diese ihrem Frauchen in die Hand.*

## So geht's weiter

Bisher standen Sie neben der Waschmaschine, während Ihr Hund Wäschestücke aus der Maschine holt. Jetzt vergrößern Sie Ihren Abstand zur Maschine: Ihr Vierbeiner sollte die Wäschestücke über eine kurze Distanz zu Ihnen bringen.

Noch befinden sich maximal zwei kleine Wäschestücke in der Maschine, die der Hund gezielt greifen soll.

## So wird's komplett

Erhöhen Sie die Anzahl der Wäschestücke, die Ihnen der Hund nacheinander bringen soll. Achten Sie darauf, dass der Hund langsam und konzentriert arbeitet. Er soll die Wäschestücke nicht hektisch aus der Maschine ziehen, die frisch gewaschene Wäsche soll schließlich nicht ständig auf dem Boden landen.

## Wenn es nicht klappt

Es können die gleichen Tipps wie beim Einräumen befolgt werden.

# Wäscheklammern zureichen

Dies ist eine schöne Aufgabe für kleine und große Hunde. Auch gehandicapte Hunde erledigen diese Aufgabe häufig mit großem Enthusiasmus. Im Übrigen ist es wahrhaft praktisch, einen Klammern-Beauftragten zur Seite zu haben, der zügig Klammer für Klammer zureicht.

Jetzt zeigt sich, ob das Training „Gewöhnung an unterschiedliche Materialien" erfolgreich war. Wäscheklammern gibt es aus Holz, aus Plastik und aus einer Plastik-Metall-Mischung. Auch der Aufbau einer guten Basis beim Aufheben von unterschiedlichen Untergründen und aus verschiedenen Gefäßen kommt nun zum Tragen.

## *So geht's los*

Verwenden Sie am Anfang einen Korb mit niedrigem Rand, aus dem der Hund die Klammern herausholen soll. Er soll zu Beginn des Trainings schnelle Erfolge haben – das geht leichter mit einem Gefäß, das er schon kennt. Legen Sie auch nur zwei oder drei Klammern in den Korb. Wichtig ist am Anfang, dass der Hund das Hörzeichen „Klammer" lernt, welches wir ebenfalls wieder sofort einführen.

*Verwenden Sie für die Wäscheklammern am Anfang ein flaches Körbchen, in das der Hund gut mit dem Schnäuzchen hineingreifen kann.*

Motivieren Sie Ihre zukünftige Haushaltshilfe, eine der Klammern aufzunehmen, begleitet vom naheliegenden Hörzeichen „Klammer". Ideal wäre, wenn Sie ganz unterschiedliche Klammern hätten, also aus Holz, aus Plastik und welche aus Plastik-Metall-Gemisch. Noch wird jede aufgenommene Klammer mit einem Leckerchen gefeiert.

Bestehen Sie auch hier darauf, dass die Klammer in Ihrer Hand landet. Fällt die Klammer zu Boden oder in den Korb zurück, fordern Sie den Hund einfach noch einmal auf, Ihnen eine Klammer zu geben.

Auch diese Übung können Sie bequem im Sitzen aufbauen, Sie müssen nicht gleich am Wäscheständer stehen.

## *So geht's weiter*

Gibt der Hund alle Arten von Klammern zuverlässig aus dem bekannten Gefäß, wechseln Sie die Behältnisse aus. Kleine Eimer oder Beutel, in welche der Hund seine Nase hineinstecken soll, sind die nächsten Herausforderungen.

Haben Sie bisher gesessen, stehen Sie nun bitte auf. Das Behältnis mit den Klammern steht auf dem Boden direkt neben Ihnen. Lassen Sie sich eine Klammer nach der an-

*Die pfiffige Labradorhündin Gerda gibt ihrem Frauchen die Wäscheklammer zuverlässig in die Hand. Die Klammer fällt nicht auf den Boden.*

### Extra: Kombination Wäsche zureichen, Wäscheklammern in die Hand geben

Jetzt wird es wirklich nützlich. Kombinieren Sie die Übungen Wäsche und Klammern geben. Die Wäschestücke sollten nicht zu groß sein. Meine Hunde reichen mir zum Beispiel Socken im Wechsel mit Klammern.
Sie haben einen Wäscheständer aufgebaut, einen Korb mit Wäsche und ein Behältnis mit Klammern stehen neben Ihnen auf dem Boden. Idealerweise steht der Hund seitlich hinter Ihnen, während er Ihnen auf das entsprechende Hörzeichen, naheliegend „Socken“ und „Klammer“, abwechselnd Wäscheteile und Wäscheklammern reicht.

deren zureichen, belohnen Sie nicht mehr jede einzelne, sondern erst die dritte oder vierte angereichte Klammer.

## So wird's komplett

Abgeschlossen ist das Training, wenn die kleine Haushaltshilfe ohne Zögern die Klammern aus unterschiedlichen Behältnissen nimmt und zuverlässig in Ihre Hand gibt, ohne diese fallen zu lassen.

Hat Ihr Hund das Aufräumen schon gelernt, funktioniert das auch umgekehrt. Sie geben Ihrem kleinen Wäsche-Assistenten beim Wäscheabnehmen die Klammern ins Schnäuzchen, er soll diese dann in den Behälter aufräumen.

## Wenn es nicht klappt

- Stellen Sie sicher, dass Ihr Hund das „In die Hand geben“ verinnerlicht hat.
- Falls Ihr Hund nur ein bestimmtes Material aufnehmen möchte, gehen Sie einen Schritt zum Gewöhnungstraining an andere Materialien zurück.
- Verwenden Sie ein größeres Behältnis, in dem sich die Klammern befinden.
- Sind womöglich zu viele Klammern im Korb und der Hund kann eine einzelne Klammer nicht gut greifen? Geben Sie weniger Klammern in den Korb.
- Hat Ihr Hund Probleme, die Klammern aus einem Beutel zu holen, vergrößern Sie die Öffnung oder füllen Sie die Klammern in ein anderes Behältnis um.

## *Der Assistenzhund*

**Aufgaben**

Diese vierbeinigen Helfer werden für Menschen, die in ihrer Mobilität stark eingeschränkt und zum Beispiel auf Rollstuhl oder Gehhilfen angewiesen sind, ausgebildet.

Sie assistieren ihrem Menschen bei der Bewältigung alltäglicher Aufgaben wie Gegenstände vom Boden aufheben, Objekte aus Regalen holen, Licht an- und ausmachen oder Knöpfe betätigen. Sie öffnen und schließen Türen, Schubladen und Schränke und sind beim An- und Ausziehen von Kleidung behilflich. Der Assistenzhund unterstützt seine Menschen gegebenenfalls auch beim Einkaufen oder beim Arztbesuch.

**Ausbildung**

Ein Assistenzhund wird immer maßgeschneidert für eine Person und deren individuelle Bedürfnisse ausgebildet. Er muss in der Öffentlichkeit ein hohes Maß an Konzentration erfüllen und darf nicht ablenkbar sein, darf demzufolge an der Leine nicht schnüffeln und soll andere Hunde und Menschen ignorieren. Diese Hunde sollten ausgesprochen nervenstark sein, da sie ihre Menschen 24 Stunden am Tag verantwortungsvoll begleiten. Die Ausbildung dauert etwa zwei Jahre.

Mittelgroße, nicht zu schwere Rassen wie zum Beispiel Labrador Retriever, Airedale Terrier oder auch Großpudel sind sehr beliebte Kandidaten für diese Arbeit.

Leider gibt es bisher keine einheitlichen Regeln und keine anerkannten Standards bei der Ausbildung solcher Hunde, sodass im Grunde jeder einen Assistenzhund ausbilden darf, der sich dazu berufen fühlt.

# Müll sortieren

Hier soll der Hund Gegenstände von einem Korb in den anderen legen. Natürlich muss es nicht zwingend ein Korb sein, Sie können auch Schachteln, Kisten oder Eimer nehmen. Diese Tätigkeit kann Ihr Hund zum Beispiel beim Müllsortieren oder beim Aufräumen von Socken in eine bestimmte Schublade verwenden.

Voraussetzung für diese Übung ist, dass das Training „Gewöhnung an unterschiedliche Materialien" erfolgreich war und Ihr Hund die Hörzeichen „Nimm es" und „Aufräumen" kennt.

## *So geht's los*

Beginnen Sie mit gut für den Hund befüllbaren Behältnissen wie etwa einem flachen Korb oder einem Eimer mit großer Öffnung. So erzielt der Hund schneller Erfolge.

Wir sortieren Papier, Plastik und Aluminium. In den Korb kommt das Papier, die anderen Materialien sollen in den Eimer. Ihr Hund hat das Kommando „Heb es auf" gelernt.

Ermuntern Sie den Hund, einen dieser Gegenstände vom Boden aufzunehmen und in den dafür vorgesehenen Behälter zu legen. Helfen Sie dem Hund mit der Hand oder einem Fingerzeig, wo er das aufgenommene Objekt ablegen soll. Ich verwende dafür kein spezielles Hörzeichen, nur das „Heb es auf" und das Handzeichen, um dem Hund zu vermitteln, dass er ein Objekt aufheben soll.

*Honey hat die Papierrolle aufgehoben. Mit einem Handzeichen hilft Frauchen ihr und zeigt an, wo der Papiermüll hingehört.*

Landet das Objekt neben dem Behältnis, legen Sie es kommentarlos zurück auf den Boden und beginnen die Übung von vorne. Belohnt wird nur, wenn das Objekt im Korb landet.

## *So geht's weiter*

Jetzt werden die Behältnisse höher. Für manche Hunde ist es schwierig, Gegenstände über hohe Ränder zu heben, steigern Sie deshalb die Höhe der Gefäße langsam. Sie können von den niedrigeren Körben auf kleine Wäschekörbe oder größere Kartons umsteigen. Der Hund muss nun lernen, die Gegenstände höher zu heben und auf dieser Höhe zu halten.

Belohnen Sie Ihren Vierbeiner nur, wenn der Gegenstand gezielt im zweiten Behältnis landet. Die Hilfe durch einen Fingerzeig kann bestehen bleiben. Wenn Sie später die Anzahl der Behältnisse erhöhen, dürfen Sie dem Hund auch anzeigen, in welches er die Dinge sortieren soll.

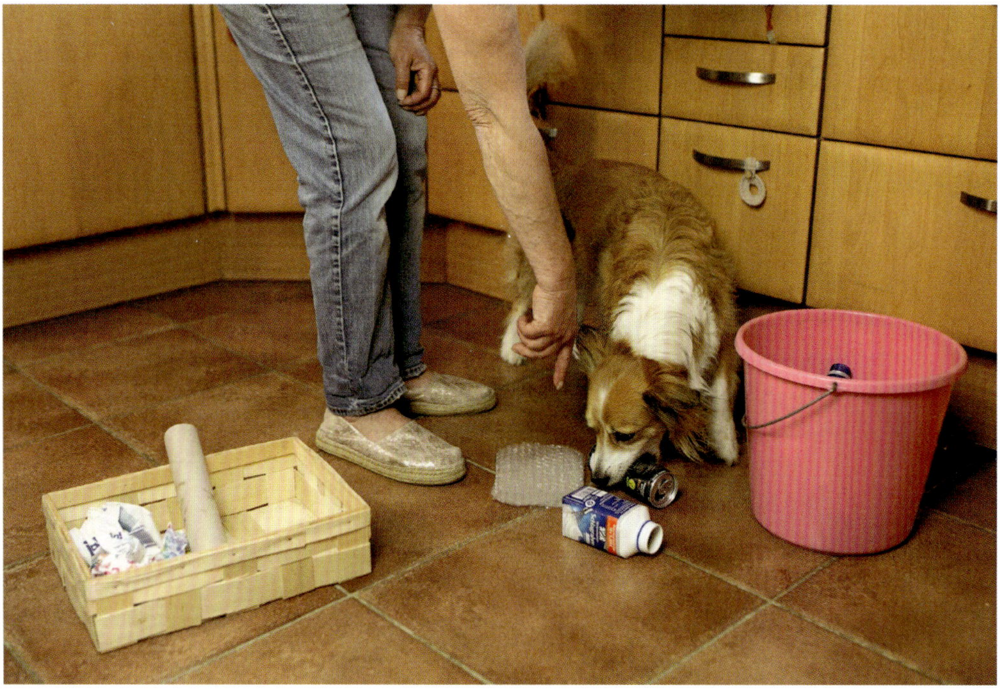

*Honey soll jetzt noch den restlichen Müll sortieren. Frauchen zeigt auf die Blechdose, die sie ohne Angst aufhebt.*

## So wird's komplett

*Die clevere Mischlingshündin kann den Müll auch schon in Eimer aufräumen. Dazu muss sie die Blechdose länger halten, um diese über den hohen Rand zu heben.*

Kombinieren Sie unterschiedlich hohe Behältnisse und auch deren Anzahl.

Jetzt geht es an das Sortieren. Sie haben einen großen Müllbehälter, in dem sich zum Beispiel Papier, Plastikfolien, Plastikflaschen, Tüten, Tetrapacks und, wenn sich der Hund an Metall wagt, gerne auch Konservendosen befinden. Selbstverständlich enthält der Behälter keine Essensreste, Glas oder andere Gegenstände, an denen sich der Hund verletzen kann.

Animieren Sie Ihren Vierbeiner, etwas aus dem großen Behälter zu nehmen, der vor Ihnen steht. Deuten Sie mit der Hand oder dem Finger auf den Behälter, in welchen das aufgehobene Objekt gehört. Sortieren Sie so Papier, Metall und Plastik auseinander, für jedes Material gibt es einen Behälter.

Das Erarbeiten von Distanzen wäre hier „Fleißarbeit". Ich persönlich tue es nicht, da ich es als sicherer erachte, beim Sortieren von Müll dabei zu sein.

## Wenn es nicht klappt

- Gehen Sie beim Training einen Schritt zurück zu einem niedrigeren und / oder größeren Behältnis.
- Prüfen Sie, ob der Hund das angebotene Material gerne in den Fang nimmt.
- Üben Sie nochmal das „Aufräumen".

# Wäsche in Schubladen sortieren

Das Einsortieren von Wäsche ist eine tolle Arbeit, um beim Hund die Kooperation mit seinem Menschen zu fördern und zu fordern. Diese Aufgabenstellung können Hunde jeder Größe und jeden Alters bewältigen. Welpen und Kleinhunde bedienen die unteren Schubladen, große Hunde können auch die höheren Schübe füllen.

## *So geht's los*

Der Anfang des Trainings ist identisch mit dem Training beim Müllsortieren. Das Hörzeichen „Aufräumen" kann auch hier wieder verwendet werden. Lassen Sie den Hund zum Beispiel Socken aus einem Wäschekorb holen und in eine Schublade legen. Wählen Sie zu Beginn niedrige Schubladen und helfen Sie dem Hund anfangs wieder mit der Hand als Ziel.

*Gerda holt Socken auf Kommando aus einem Wäschekorb und trägt sie zur bereits geöffneten Schublade.*

## So geht's weiter

Die Basis zur Hilfestellung für den Hund mit der Hand als Ziel kennen Sie schon aus dem Training „Aufräumen". Ihr Hund soll nun lernen, alle Schubladen zu bedienen, die Sie aufziehen, mal eine weiter unten, dann wieder eine weiter oben.

Selbstverständlich gilt auch hier: Belohnung gibt es nur, wenn die Socken oder das Wäscheteil in der richtigen Schublade landen.

## So wird's komplett

Sie haben einen Wäschekorb mit Socken und kleineren Wäscheteilen neben sich stehen. Ziehen Sie die Schublade auf, in die die Socken gelegt werden sollen. Animieren Sie den Hund, die Socken aus dem Korb zu nehmen und in die Schublade zu legen.

Das Training ist abgeschlossen, wenn der Hund zuverlässig und ohne Zögern die Wäsche in die Schubladen legt, die Sie ihm anzeigen.

*Mit großem Eifer räumt Gerda Wäsche auf. Zielsicher landen die Socken in der dafür vorgesehenen, aufgezogenen Schublade.*

## Wenn es nicht klappt

- Öffnen Sie nur die untersten Schubladen und arbeiten Sie sich langsam nach oben.
- Sind die Wäscheteile eventuell zu groß? Verwenden Sie kleinere Teile.
- Neigt der Hund dazu, mit den Wäscheteilen zu spielen, üben Sie mit anderen Objekten.
- Üben Sie nochmals das „Aufräumen".

# Halsband bringen

Dies ist eine originelle Übung, die den Hunden richtig Spaß macht. Meine Hunde haben eine eigene kleine Garderobe, an der ihre Halsbänder und Halstücher hängen. Mit Begeisterung bringen sie mir auf Zuruf ihre „Kleidung".

Wenn Sie keine eigene Hundegarderobe anbringen möchten, wäre ein kleiner, unauffälligerer Haken eine Lösung. Beginnen Sie das Training bitte nur mit einem Halsband an der Garderobe.

## *So geht's los*

Das naheliegendste Hörzeichen ist „Halsband". Sie stehen am Anfang direkt neben der Garderobe / dem Haken und spornen Ihren Hund an, das Halsband von der Garderobe / dem Haken zu nehmen. Verdeutlichen Sie dem Hund mit einem Fingerzeig, was Sie meinen. Belohnt wird nur, wenn das Halsband in Ihrer Hand landet.

Fällt es zu Boden, heben Sie es bitte kommentarlos auf, hängen es wieder an die Garderobe / den Haken und wiederholen die Übung. Die Distanz zwischen Hund und Garderobe ist anfangs ganz kurz, sodass der Hund schnell Erfolge hat.

Wie bei allen Übungen darf der Hund auch hier keine schlechten Erfahrungen machen. Bringen Sie die Garderobe oder den Haken so an, dass nichts herunterfallen kann.

*Honey soll ihr Halsband von der Garderobe holen. Am Anfang hilft Frauchen mit einem Fingerzeig – so versteht die kleine Hündin schneller, was gewünscht ist.*

## *So geht's weiter*

Haben Sie den Eindruck, Ihre zukünftige Haushaltshilfe hat eine Ahnung, was Sie mit „Halsband" meinen und reagiert auf kurze Distanz sofort auf das gegebene Hörzeichen, steigern Sie langsam die Distanz, die der Hund zur Garderobe / zum Haken zurücklegen soll.

Erst jetzt führen wir das Hörzeichen „Bring" ein, welches Ihr Hund ja schon kennt. „Bring" wird deshalb erst jetzt gesagt, weil der Hund im ersten Schritt ja das Wort „Halsband" lernen soll. Bauen Sie im Verlauf des Trainings auch das Handzeichen langsam ab.

Entfernen Sie sich im weiteren Training allmählich Schritt für Schritt von der Garderobe / dem Haken. Gehen Sie langsam vor und gehen Sie lieber einen Lernschritt zurück, falls der Hund unsorgfältig zu arbeiten beginnt.

*Nachdem Honey ihr Halsband geholt hat, gibt sie es Frauchen zielgerichtet in die Hand ab. Fällt das Halsband zu Boden, ignoriert Frauchen das und beginnt die Übung von vorne.*

## So wird's komplett

Wenn Sie möchten, können Sie die Schwierigkeitsstufe an dieser Stelle noch ein wenig erhöhen, indem Sie den Hund von einem anderen Raum aus zur Garderobe zu schicken. Arbeiten Sie sich langsam zur der Garderobe am nächsten gelegenen Tür eines anderen Raumes vor, bleiben Sie zunächst in der Tür stehen und arbeiten Sie sich wieder Schritt für Schritt hindurch.

Auf diesem Trainingsstand wird das Hörzeichen „Bring" mit dem Hörzeichen „Halsband" kombiniert. Setzten Sie das Wort „Bring" einfach vor das Hörzeichen „Halsband", das Wort „Bring" hat Ihr Hund schon gelernt.

Abgeschlossen ist die Übung, wenn Ihr Hund auf das Hörzeichen „Bring Halsband" sofort und ohne Zögern in Richtung Garderobe / Haken spurtet und Ihnen das Halsband zuverlässig in die Hand gibt.

## Wenn es nicht klappt

- Befinden sich am Halsband eventuell zu viele Ringe oder andere Metallteile? Entfernen Sie diese oder steigen um auf ein anderes Band.
- Nehmen Sie zu Beginn alternativ Halstücher.
- Hängt das Halsband eventuell zu hoch? Hängen Sie es niedriger.
- Ist das Halsband vielleicht zu breit? Verwenden Sie ein schmaleres.
- Ist der Haken eventuell zu groß? Verwenden Sie einen kleineren Haken.

# Leine bringen

Das Training kann parallel zum Training mit dem Halsband stattfinden. Naheliegendes Hörzeichen für diese Übung ist „Leine“.

Achten Sie bitte darauf, dass Ihrem Hund niemals der Karabiner der Leine auf den Fang oder auf den Kopf fällt. Hängen Sie die Leine also immer so auf, dass der Karabiner unten ist.

Hier können Sie die gleichen Tipps zu „Wenn es nicht klappt“ aus dem Training mit dem Halsband anwenden. Sind an der Leine zu viele Ringe oder ist der Karabiner zu groß, üben Sie am Anfang mit einer leichten sogenannten „Retriever-Leine“, ganz ohne Ringe und Karabiner.

Meine Hunde tragen zwei Meter lange Biothane-Leinen ohne Handschlaufe und ohne Ringe. Diese Leinen können auch im Freilauf am Hund bleiben. In kritischen Situationen habe ich meine Hunde dadurch schnell bei mir gesichert, ohne sie ständig an- und ableinen zu müssen.

*Eliza holt auch ihre Leine von der Garderobe. Achten Sie vor allem bei kleinen Hunden darauf, dass die Leine nicht zu oft zu Boden fällt.*

## *So geht's los*

Legen Sie die Leine auf den Boden vor den Hund, die Leine befindet sich noch nicht am Hund. Stehen Sie anfangs noch direkt bei der Leine. Ermuntern Sie Ihren Hund, die Leine vom Boden aufzuheben. Verwenden Sie zu Beginn des Trainings nur das Wort „Leine“, dieses soll der Hund lernen. Gegebenenfalls können Sie das Wort Leine auch mit „Heb es auf“ kombinieren, das kennt Ihr Hund ja schon, so könnte er sich leichter tun.

Hebt Ihr Hund die Leine auf, achten Sie darauf, dass diese zuverlässig in Ihrer Hand landet. Die Belohnung gibt es nur dann.

Fällt die Leine zu Boden, lassen Sie diese liegen und spornen Ihren Hund an, sie nochmals aufzuheben.

*Eine nette Übung für draußen: Colliehündin Eliza hebt ihrem Frauchen die heruntergefallene Leine auf.*

## So geht's weiter

Sie werden merken, wenn der Hund das Wort „Leine" derselben zugeordnet hat. Er orientiert sich sofort nach unten und hebt die Leine auf. Im nächsten Schritt befestigen Sie die Leine am Hund. Dadurch ist sie nicht mehr direkt vor dem Hund und er muss sich gegebenenfalls also seitlich umwenden, um sie zu erreichen. Belohnen Sie Ihre vierbeinige Hilfe auch jetzt nur dann, wenn sie die Leine gezielt in Ihre Hand legt.

Jetzt können Sie, wenn Sie wollen, die Hörzeichen „Heb es auf" und „Gib es mir" vor das Wort „Leine" setzen. Menschen sind ja oft sehr kommunikativ und kommen mit mehreren Wörtern leichter und schneller zum Ziel. Der Hund braucht diese nicht zwingend, er kennt ja jetzt seine Leine.

## So wird's komplett

Die freiwillige Zusatzoption heißt wieder Distanzaufbau. Beginnen Sie mit einer ganz kurzen Distanz. Ihr Hund befindet sich maximal einen Meter vor Ihnen. Motivieren Sie ihn, die Leine aufzuheben und zu Ihnen zu bringen. Gehen Sie ein bis zwei Schritte rückwärts, sodass der Hund Ihnen die Leine weiter entgegenbringen muss und so lernt, sie über eine längere Strecke zu tragen.

Versuchen können Sie ebenfalls das Leineaufheben aus der Bewegung. Ihr Hund läuft neben oder vor Ihnen und schleppt die Leine hinter sich her. Bitten Sie den Hund nun, die Leine aufzuheben und Ihnen in die Hand zu geben. Mögliche Hörzeichen können sein „Leine“ und „Nimm mit“.

*Natürlich gibt Eliza die Leine zuverlässig in die Hand ihres Frauchens ab, ohne diese wieder auf den Boden fallen zu lassen.*

## Wenn es nicht klappt

- Üben Sie nochmals das „Heb es auf“.
- Achten Sie darauf, dass sich nicht zu viele Metallteile an der Leine befinden.
- Nimmt der Hund eventuell das Material, aus dem die Leine ist, nicht so gerne in den Fang? Üben Sie nochmals „Gewöhnung an unterschiedliche Materialien“.
- Ist Ihr Hund draußen möglicherweise abgelenkt? Üben Sie im Garten oder zu Hause.

# Putzlappen, Besen und Schaufel holen

Putzlappen oder Putztücher können an kleinen Haken hängend vom Hund geholt werden. Das Prinzip ist das gleiche wie beim Holen des Halsbandes und der Leine von der Garderobe. Einen kleinen Besen und die Schaufeln kann der vierbeinige Putzgehilfe direkt aus dem vorher geöffneten Schrank holen. Putzschränke sollte der Hund nie selbständig öffnen, da dort häufig Putzmittel aufbewahrt werden, diesen Schrank öffnen immer nur Sie.

## *So geht's los*

Genau wie beim Training an der Hundegarderobe stehen Sie am Anfang direkt neben den am Haken hängenden Objekten. Auch wenn Ihr Hund das „Vom Haken holen" schon vom Bringen des Halsbands her kennt, beginnen Sie die Übung trotzdem direkt neben dem Haken.

Oftmals wird das Training über viel zu weite Distanzen begonnen, dann bleiben die Erfolge aber leicht aus und Hund und Mensch geraten in eine frustrierende Situation. Bauen Sie lieber eine saubere Basis über ganz kurze Strecken auf, dann funktioniert es auch schneller auf Distanz.

Naheliegende Hörzeichen sind hier „Lappen", „Besen" und „Schaufel". Zu Beginn wird dem Hund nur ein Gegenstand präsentiert. Beginnen Sie mit dem Putzlappen, den sollte der Hund am liebsten in den Fang nehmen.

*Elizas Frauchen braucht den Putzlappen. Die intelligente Colliehündin zieht den Lappen mit Bedacht aus der Halterung. Es wird nicht am Lappen gezerrt.*

## So geht's weiter

Auch bei dieser Übung führen Sie das Hörzeichen „Bring" erst ein, wenn Sie den Eindruck haben, dass Ihr Hund das Wort „Lappen" gelernt hat. Um festzustellen, inwieweit Ihr Haushaltshelfer das Wort schon zuordnen kann, legen Sie den Lappen an unterschiedliche Orte. Mal hängt er am Haken, dann liegt er auf dem Boden darunter. Er kann auch erhöht an einem Eimer hängen oder auf einem Hocker liegen.

Wenn Ihr Hund auf das Hörzeichen „Lappen" nach diesem sucht, ohne Ihnen etwas anderes zu bringen, können Sie davon ausgehen, dass er das Wort verstanden hat.

*Der Putzlappen wird von der fleißigen Colliehündin Eliza selbstverständlich erst losgelassen, wenn Frauchen diesen in der Hand hat.*

## So wird's komplett

Führen Sie die Übung nun nach dem gleichen Prinzip mit dem Besen und schließlich mit der Schaufel durch.

Zur Kontrolle, ob Ihr kleiner Putzhelfer die Wörter gelernt hat, legen Sie erst zwei dieser Gegenstände auf den Boden, zum Beispiel Besen und Schaufel. Fordern Sie den Hund nun auf, einen der Gegenstände aufzuheben und zu bringen. Nimmt er den richtigen, können wir davon ausgehen, dass er die Wörter gelernt hat.

Abgeschlossen ist das Training, wenn alle drei Gegenstände zielgerichtet vom Hund geholt werden.

## Wenn es nicht klappt

- Hängen die Gegenstände zu hoch? Legen Sie diese am Anfang mal auf den Boden.
- Sind die Objekte zu groß? Verwenden Sie ein kleineres Tuch, einen kleineren Besen und eine kleine Schaufel.
- Üben Sie gegebenenfalls nochmals die „Gewöhnung an unterschiedliche Materialien".
- Achten Sie auf die Distanzen, die Sie anfangs sehr kurz halten sollten.

*Den Besen holt Eliza direkt aus dem Schrank. Ob Sie den Schrank vorher schon öffnen oder ob der Hund den Schrank öffnen soll, kann individuell entschieden werden.*

*Der Besen fällt auf dem Weg zum Frauchen nicht auf den Boden. Eliza liefert ihn gewissenhaft in der Hand ihres Frauchens ab.*

# Post bringen

Sie haben schon wie auf Seite 15 beschrieben das „Nimm es mit" geübt und das Training „Gewöhnung an unterschiedliche Materialien" erfolgreich beendet. Es kann sehr praktisch sein, wenn der Hund etwas über längere Strecken tragen kann – zum Beispiel die Post. Er könnte sie zum Beispiel vom Briefträger entgegennehmen und ins Haus tragen, oder, wenn er als Bürohund mit zur Arbeit darf, von einem Büro ins andere zu einem Kollegen. Wahlweise kann er auch im Haus den internen „Postboten" spielen. Das Prinzip lässt sich dann auf andere Gegenstände übertragen.

Vor allem bei empfindlichen Gegenständen sollten Sie konsequent darauf achten, dass der Hund nicht knautscht. Sie sollten das schon beim Training „Nimm es mit" ausreichend geübt haben.

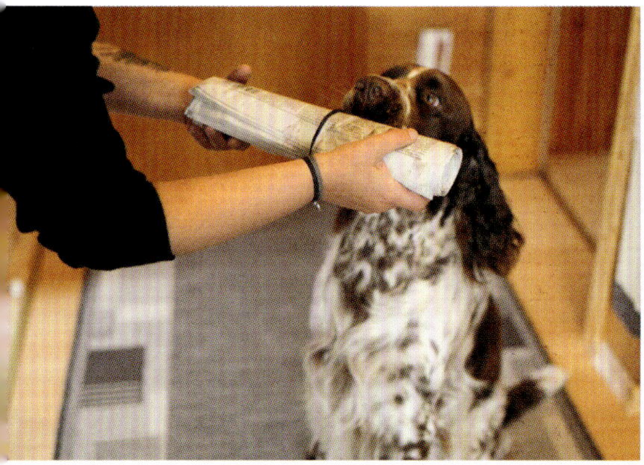

*Geübt wird mit einer „Übungszeitung". Der Rüde Jaro hat „Nimm es" und „Halte es" bereits gelernt. Es wird nicht geknautscht.*

## *So geht's los*

Sind Sie sich nicht sicher, was Ihr felliger Postbote mit der Post anstellt, beginnen Sie die Übung zunächst mit einem alten Kuvert oder einer alten Zeitung. Auch wenn Ihr Hund das Tragen schon gelernt hat, beginnen wir mit einer kurzen Strecke, die Ihr Hund die Post tragen soll.

Gehen Sie mit Ihrem Hund vorerst nur vor die Tür. Übergeben Sie Ihrem „Postboten-Azubi" nun das Kuvert oder die Zeitung mit „Nimm es". Auf Kommando „Nimm es mit" begeben Sie sich wieder ins Haus / in die Wohnung. Drinnen lassen Sie sich die Post in die Hand geben, erst dann bekommt der Hund seine Belohnung.

## *So geht's weiter*

Je nachdem, wo Ihr Briefkasten hängt, erhöhen Sie nun Schritt für Schritt die Distanz bis zum Briefkasten und vom Briefkasten zurück ins Haus / in die Wohnung. Positionieren Sie sich mit dem Hund neben dem Briefkasten. Öffnen Sie den Briefkasten und übergeben Sie die Post mit „Nimm es" an Ihren „Postboten-Azubi". Schließen Sie den Briefkasten und gehen Sie gemeinsam mit dem Hund wieder ins Haus / in die Wohnung. Die Strecken können nun immer länger werden.

Wenn möglich, können Sie eine Hilfsperson bitten, die Rolle des Postboten zu übernehmen. Natürlich sollte Ihr Hund den echten Postboten mögen, wenn er später von diesem die Post entgegennimmt.

Schicken Sie den Hund zur Hilfsperson, am Anfang natürlich wieder über eine kurze Distanz. Die Hilfsperson übergibt dem Hund mit „Nimm es" die Post und schickt diesen zu Ihnen zurück. Wenn Sie möchten, können Sie „Bring es" als Hörzeichen verwenden, es ist allerdings nicht nötig, da der Hund den Arbeitsablauf ja schon kennt.

## *Der „Problem-Postbote"*

Postboten verhalten sich aus Hundesicht ganz schön unhöflich. Da schleicht der sich einfach ans Haus heran, macht sich am Briefkasten zu schaffen oder wirft frecherweise sogar etwas durch einen Briefschlitz in der Tür und haut dann einfach wieder ab, ohne sich vorzustellen. Das Territorialverhalten des gutmütigsten Hundes kann so geweckt werden.
Der Hund schlägt Alarm, bellt und hat auch noch Erfolge damit, da der Hund mutmaßt, dass der Briefträger den kritischen Bereich wegen des Bellens wieder verlässt. Ein Kreislauf beginnt, denn das geschieht ja fast täglich.

Hier ein paar Tipps, um den „Problem-Boten" zu einem Freund zu machen:

- Bitten Sie den Briefträger, sich immer bemerkbar zu machen, auch wenn er nur einen Brief für den Briefkasten hat.
- Wenn möglich, deponieren Sie vor der Tür ein paar Kekse für den Hund, an die der Briefträger herankommt. Geht das nicht, übergeben Sie dem Briefträger kleine Leckereien, nachdem Sie die Tür geöffnet haben.
- Öffnen Sie die Tür und geben Sie dem Hund die Gelegenheit, den Briefträger kennenzulernen. Seien Sie bitte nicht zu aufgeregt, bleiben Sie ruhig, auch wenn der Hund anfänglich noch bellt.
- Bitten Sie den Briefträger, den Hund nicht anzusprechen, falls dieser zu aufgeregt ist. Erst wenn sich der Hund beruhigt hat, bekommt er vom Briefträger einen der vorbereiteten Kekse.
- Es kann nicht schaden, wenn Sie sich nun ein paar Minuten mit dem Briefträger unterhalten, um Ihrem kleinen Wächter zu signalisieren, dass es sich um einen „Freund der Familie" handelt.

## So wird's komplett

*Ein Springer Spaniel wie Jaro ist rassetypisch für eine „tragende" Rolle geboren. Mit großem Verantwortungsbewusstsein trägt er Frauchens Zeitung ins Haus.*

Fragen Sie Ihren tatsächlichen Postboten, ob er bereit ist, mit Ihnen zu üben. Die Vorgehensweise ist die gleiche wie bei der Übung mit der Hilfsperson.

Ein nettes Kabinettstückchen wäre es, wenn Sie Ihren Hund an eine eigene Posttasche gewöhnen. Diese Tasche oder ein Körbchen trägt der Hund zum Postboten, welcher die Post dort hineinlegt und der Hund bringt die befüllte Tasche oder das Körbchen zu Ihnen zurück.

Üben Sie mit der Tasche vorab wieder mit einer dem Hund bekannten Hilfsperson. Falls Ihr Hund beim Distanzaufbau gut gearbeitet hat, können Sie hier schon mit einer größeren Strecke beginnen, ansonsten starten Sie wieder über kurze Distanzen. Schicken Sie den Hund mit der Tasche zur Hilfsperson. Diese legt die Post dort hinein und schickt den Hund zu Ihnen zurück.

Sprechen Sie gerne wieder Ihren Briefträger an, ob er Lust hat, diese Übung mit Ihnen durchzuführen.

## Wenn es nicht klappt

- Achten Sie konsequent darauf, dass der Hund die Post auf dem Weg zu Ihnen nicht fallen lässt. Passiert es doch, verringern Sie bitte wieder die Distanz.
- Belohnen Sie den Hund durchweg nur, wenn er Ihnen die Post zuverlässig in die Hand gibt.
- Lässt der Hund die Tasche fallen, wenn etwas hineingelegt wird, üben Sie dies einzeln. Ich verwende dafür mehrfach das Hörzeichen „Halte es", während ich etwas hineinlege.
- Binden Sie häufiger Hilfspersonen ein, die Sie beim Hin- und Herlaufen des Hundes unterstützen.

# Einkäufe ins Haus tragen

Das Prinzip der Übung ist das gleiche wie bei „Post bringen“: Der Hund trägt etwas über eine längere Strecke und liefert es ab.

Beachten sollten Sie bei Einkäufen, dass Sie dem Hund nichts Unverpacktes anbieten. Ein frischer Salat oder die Salatgurke könnten darunter doch etwas leiden. Beginnen Sie mit leichten, gut verpackten Einkäufen, zum Beispiel einer Packung Kerzen, einem Pfund Kaffee oder einer Packung Küchenrolle. Ebenfalls verhindern sollten Sie, dass sich der Hund eigenmächtig Waren aneignet. Er soll nur das mitnehmen, was Sie ihm geben.

## *So geht's los*

Im Grunde läuft dieses Training genauso ab wie die Übungen beim Holen der Post. Sie stehen am Anfang zum Beispiel direkt neben dem mit Ihren Einkäufen beladenen Auto und geben dem Hund die Ware, die er ins Haus tragen soll, in den Fang. Anfangs begleiten Sie den Hund noch mit ins Haus, während er etwas trägt. So können Sie sofort eingreifen, falls er die Ware fallen lässt.

Sie können eine Tasche oder einen Korb verwenden, wenn der Hund auch verpackten Käse oder Wurst ins Haus tragen soll.

*Jaro bekommt seine eigene Einkaufstasche. So sind auch empfindlichere Waren, wie zum Beispiel eine Packung Weißbrot, beim Tragen geschützt.*

## So geht's weiter

Fahren Sie fort wie beim Training „Post bringen".

Binden Sie eventuell auch wieder Hilfspersonen ein, die dem Hund am Auto Ware in den Fang geben, die er dann zu Ihnen ins Haus trägt.

*Jaro arbeitet mit großer Freude, wenn er Frauchen helfen kann. Apportieren, etwas bringen und tragen sind genau sein Ding.*

*Auch kleine Hunde können beim Ausräumen der Einkäufe behilflich sein. Mit großem Enthusiasmus trägt Melman Taschentücherpackungen ins Haus.*

### Kleine Hunde

Ja, auch kleine Hunde können das. Leider wird unseren Zwergen häufig weniger zugetraut als großen Hunden. Dackel zum Beispiel sind zuverlässige Apportierer, die auch gut kleine Täschchen tragen können.

Trauen Sie Ihrem kleinen Hund mehr zu. Passen Sie die Objekte aber an seine Größe an, natürlich schafft er keinen 12er-Pack Toilettenpapier, aber eine Einzelpackung Papiertaschentücher kann auch der Zwerg wunderbar meistern.

# Verschwundene Dinge finden – Hunden die Bedeutung konkreter Wörter lehren

In jedem Haushalt gibt es Dinge, von denen man fast gerne glaubt, dass sie sich von selbst verstecken. Gefühlt sucht man ständig danach. Die Brille ist weg, der Schlüssel nicht auffindbar und das Telefon liegt wieder mal nicht an seinem Platz. Wie praktisch ist es da, wenn man den Hund mit einem Wort direkt auf die Suche nach dem jeweiligen Gegenstand losschicken kann und er weiß, was gemeint ist!

## Wie lernen Hunde Wörter?

Diese Frage ist im Prinzip ganz einfach zu beantworten: Ähnlich wie Kinder.

Ich verwende gerne das Beispiel, wenn eine Mutter dem Kind das Wort „Mama" beibringen möchte. Es wird immer wieder das Wort „Mama" wiederholt, immer wieder, bis das Kind anhand der Lippenbewegungen und dem Wortlaut das Wort „Mama" verstanden hat.

Ähnlich verhält es sich bei Hunden. Ganz einfaches Beispiel: Sie möchten dem Hund „Sitz" vermitteln. Am einfachsten ist es, wenn sich der Hund von alleine setzt und Sie immer wieder das Wort „Sitz" wiederholen. Die schlaue Fellnase wird anhand Ihrer Körpersprache und dem Wortlaut das Wort „Sitz" mit der Aktion verknüpfen.

Deshalb verwende ich persönlich am Anfang jeder Übung ausschließlich das Wort, welches der Hund lernen soll. Es wird kein Lobwort oder ein anderer Marker verwendet, sondern nichts weiter als das zu lernende Wort. In über zwanzig Jahren Hundetraining habe ich während der Praxisarbeit festgestellt, dass Hunde Wörter auf diese Weise schneller lernen.

Verwenden wir als Beispiel das Wort „Telefon". Dieses Training ist die Basis für alle folgenden Hilfestellungen und gilt vom Prinzip her selbstverständlich für alle Wörter, die der Hund lernen soll.

### *So geht's los*

Sie haben das Telefon in der Hand. Bieten Sie dieses dem Hund an und sagen währenddessen das Wort „Telefon". Sobald der Hund das Telefon ansieht, idealerweise zusätzlich mit der Nase berührt, bekommt er ein Leckerchen. Es wird vorerst KEIN Lobwort zum Schluss der Übung verwendet, der Hund bekommt kommentarlos das Leckerchen. Wiederholen Sie immer wieder nur das Wort Telefon.

Legen Sie nach der dritten oder vierten Wiederholung das Telefon vor sich auf den Boden. Sagen Sie wieder nur „Telefon", wir sind noch immer beim Lernen des Wortes. Blickt der Hund zum Telefon hinunter (ich persönlich warte, bis er es mit der Nase berührt), bekommt er noch immer kommentarlos ein Leckerchen.

Arbeiten Sie insgesamt bitte nicht länger als fünf Minuten, diese Übungen sind für den Hund sehr anstrengend.

## So geht's weiter

Ihr Hund wendet sich mittlerweile bestenfalls sofort dem Telefon zu, wenn Sie das Wort sagen. Legen Sie das Telefon zur Steigerung der Schwierigkeit etwas weiter weg, sodass der Hund ein oder zwei Schritte in Richtung Telefon gehen muss.

Wenn Sie das Wort „Telefon" sagen, wendet sich der Hund sofort in Richtung des Gerätes, geht idealerweise hin, berührt dieses mit der Nase und kommt zu Ihnen zurück. Jetzt können Sie, wenn Sie es wünschen, das Lobwort einsetzen, denn man kann davon ausgehen, dass Ihr Hund das Wort verstanden hat, er reagiert ja sofort darauf.

## So wird's komplett

Sie können sowohl die Distanz als auch den Ablageort des Telefons weiter erhöhen – natürlich immer in Abhängigkeit zur Größe Ihres tierischen Sekretärs. Im Folgenden gehe ich noch weiter auf die Wort- und Gegenstandsidentifizierung ein.

*Hunde sind aufmerksame Zuhörer, wenn man ihnen die Gelegenheit dazu gibt. Egal welche Größe, egal welches Alter, egal welche Rasse. Auch Ida, ein Chinese Powderpuff, kann das.*

## Wenn es nicht klappt

- Stellen Sie sicher, dass der Hund nicht abgelenkt, nicht müde und nicht aufgeregt ist. Das Wörterlernen fordert vom Hund hohe Konzentration und ist dementsprechend anstrengend für ihn.
- Wagt sich Ihr Hund nicht so richtig an das Telefon heran? Verwenden Sie anfangs ein weicheres Objekt wie zum Beispiel ein Paar Socken oder Handschuhe.
- Betonen Sie das Wort, welches der Hund lernen soll, immer gleich.
- Sagen Sie das Wort langsam.

## *Kurz vorgestellt: Der Blindenführhund*

*„Es soll in Zukunft kein Bettler einen Hund haben oder aufziehen, es sei denn er wäre blind und brauchte ihn.“*
So steht es in der spätmittelalterlichen Straßburger Bettelordnung, die von 1464 bis 1506 galt.
Im Oktober 1916 übergab der 1893 gegründete Verein für Sanitätshunde den ersten ausgebildeten Blindenführhund an den Kriegsveteranen Paul Feyen. Die Aufgabe, blinde Menschen zu führen, ist somit die älteste Form der Assistenzhunde.

**Aufgaben**

Die Aufgaben der Führhunde sind eindeutig die vielfältigsten. Die Hunde führen auf Anweisung zu Türen, Zebrastreifen, Telefonzellen und Briefkästen. Sie zeigen freie Sitzplätze in Bus und Bahn an und führen ihren Menschen langsam an Treppen heran.
Hindernissen wie Straßenschildern, parkenden Autos oder anderen Fußgängern weicht der Hund von selbst aus. Bodenhindernisse wie Pfützen oder Schlaglöcher umgeht er eigenverantwortlich.
Höhenhindernisse wie Schranken oder herabhängende Schilder oder Waren vor Läden umgeht der Führhund ebenfalls zuverlässig, obwohl sie für ihn selbst kein Hindernis wären. Er kann die Höhe, in der sich Hindernisse befinden, und die Größe seines Halters sehr gut einschätzen.
Im Fall einer drohenden Gefahr muss der Hund einen Befehl verweigern. Der sogenannte „intelligente Ungehorsam“ macht diese Hunde so einmalig.

**Ausbildung**

Ein fertig ausgebildeter Blindenführhund beherrscht bis zu 76 Hörzeichen, manch einer sogar noch mehr.

Erste Eignungstests werden von erfahrenen Führhundausbildern bei Welpen im Alter von acht Wochen durchgeführt. Das Augenmerk wird hierbei auf Nervenfestigkeit, Ängstlichkeit, Aggressionsverhalten, Jagdtrieb und Wohlverhalten des Hundes gelegt.

Geeignete Welpen ziehen für ein Jahr in Patenfamilien, in denen sie den Grundgehorsam erlernen und sozialisiert werden. Nach diesem Patenjahr gehen die Führhunde in spezielle Blindenführhundschulen zur weiteren Ausbildung.

Die Ausbildung dauert je nach Anforderungen bis zu zwölf Monate und wird anschließend in den ersten Monaten bei dem blinden Menschen, bei dem der Hund dauerhaft bleibt, weiterhin vom Ausbilder begleitet. Ein fertig ausgebildeter Führhund kostet 20.000 – 30.000 Euro. In Deutschland gilt der Blindenführhund als Hilfsmittel im Sinne des Krankenversicherungsrechts § 33 SGB V, die Kosten können unter Vorliegen der Voraussetzungen von der Krankenkasse übernommen werden.

Es gibt kein anderes Tier, welches einem Menschen seine Sinne leiht. Wer jemals einen Führhund bei seiner Arbeit begleiten durfte, wird dieses faszinierende Verhalten niemals mehr vergessen.

# Einen Gegenstand identifizieren

Eine zuverlässige Identifizierung von Gegenständen gewährleistet, dass Ihr Hund auch den Gegenstand bringt oder anzeigt, den Sie verlangt haben. Auf einem Tisch liegen zum Beispiel ein Geldbeutel, eine Fernbedienung und eine Brille nebeneinander. Sie bitten Ihren Hund, Ihnen die Sehhilfe anzuzeigen oder zu geben. Nimmt er gezielt die Brille oder zeigt diese zuverlässig an, können Sie davon ausgehen, dass er das Wort gelernt hat.

Hunde werden häufig in ihrer Fähigkeit zum Erlernen von Worten unterschätzt. Dabei ist der Ausspruch „Der versteht jedes Wort" gar nicht so weit hergeholt, denkt man zum Beispiel an Blindenführhunde, die bis zu 76 Hörzeichen unterscheiden können. Noch beeindruckender ist die Leistung der amerikanischen Border Colliehündin Chaser, die über eintausend Spielzeuge anhand ihres Namens identifizieren konnte.

## *So geht's los*

Um die Gegenstandsidentifizierung zu lernen, brauchen wir bereits am Anfang zwei Gegenstände. Greifen Sie zu zwei Objekten, die sich optisch erheblich unterscheiden, zum Beispiel einen Geldbeutel und ein Telefon oder ein Paar Socken und eine Brille. Es ist nicht zwingend nötig, dass der Hund die Gegenstände schon kennt.

Anfangs haben Sie die zwei Gegenstände in der Hand. Zeigen Sie dem Hund beide Objekte und benennen Sie das, von dem Sie wünschen, dass der Hund es identifiziert. Verwenden wir als Beispiel die Unterscheidung zwischen Socken und Brille, der Hund soll die Brille identifizieren. Das Wort Brille muss er dazu nicht zwingend schon kennen.

Wie beim Wörterlernen verwenden wir anfangs nur das Wort, welches der Hund lernen soll, also „Brille", und kein weiteres Lobwort. Am Anfang wird es viele Zufälle geben, belohnt wird jede auch noch so kleine Zuwendung des Hundes zur Brille.

Wendet er sich dem anderen Gegenstand zu, sagen Sie bitte nicht „falsch" oder „schade", sondern gar nichts. Ihr Hund nimmt jedes Wort wahr, welches Sie während dieses Trainings sagen und wir wollen ja nicht, dass der Hund denkt, der zweite Gegenstand heißt „falsch" oder „schade".

## *So geht's weiter*

Mittlerweile sollten die Zufälle weniger werden und der Hund wendet sich sofort der Brille zu, wenn Sie „Brille" sagen. Idealerweise berührt er diese mit der Nase.

Legen Sie die zu Beginn ausgewählten Gegenstände, in diesem Fall Geldbeutel, Fernbedienung und Brille, nun nebeneinander auf einen niedrigen Tisch oder Hocker. Noch

*Smilla lernt das Wort „Brille". Immer, wenn sie die Brille mit der Nase anzeigt oder anstupst, gibt es eine Belohnung. Wiederholt wird immer das Wort, welches der Hund lernen soll.*

stehen Sie direkt daneben. Lassen Sie den Hund mehrmals die Brille anzeigen, bis Sie den Eindruck haben, dass er das Wort mit dem Gegenstand verknüpft hat.

*Vorsichtig hat die kleine Powder Puff-Hündin die Brille aufgenommen und gibt sie ihrem Frauchen in die Hand.*

## So wird's komplett

Sie entfernen sich weiter von den Gegenständen und auch den Abstand zwischen den einzelnen Dingen können Sie nun deutlich ausbauen. So kann die Brille zum Beispiel auf dem Tisch liegen und die anderen Gegenstände auf dem Boden. Ihr schlauer Vierbeiner soll sofort zur Brille gehen und diese idealerweise mit der Nase anstupsen, wenn Sie das Hörzeichen „Brille" sagen.

Wir erschweren das Ganze nun und fügen einen weiteren Gegenstand hinzu. In der Auswahl sind Sie frei, er sollte am Anfang nur nicht zu sehr der Brille ähneln. Abgeschlossen ist das Lernen des Wortes „Brille", wenn der Hund zielgerichtet zur Brille geht.

*Die schlaue Smilla hat das Wort gelernt. Auch wenn mehrere Gegenstände auf dem Tischchen liegen, greift sie sicher zur Brille und ignoriert die anderen Gegenstände.*

## *Wenn es nicht klappt*

- Stellen Sie sicher, dass der Hund nicht abgelenkt, nicht müde und nicht aufgeregt ist. Das Identifizieren von Gegenständen fordert vom Hund hohe Konzentration und ist dementsprechend anstrengend für ihn.
- Überprüfen Sie die Gegenstände daraufhin, ob sich der Hund mit diesen wohlfühlt.
- Haben Sie zu schnell zu große Distanzen eingeführt? Arbeiten Sie nochmals am ersten Übungsschritt.
- Beenden Sie die Übung, falls Sie zu keinem Ergebnis kommen und bevor der Hund in eine Fruststimmung gerät. Verschaffen Sie ihm einen Erfolg mit einer Übung, die er gut kann. Üben Sie am nächsten Tag weiter.

## *Keine Angst vor Verwirrung!*

In meinen Kursen kommt von Haltern immer wieder die Befürchtung auf, dass der Hund verwirrt wird, wenn man zu ein oder zwei Objekten, die der Hund schon kennt, ein weiteres neues hinzufügt. Diese Sorge ist unbegründet.
Erinnern Sie sich an Rico? Den Border Collie, der in der Fernsehsendung „Wetten dass…?“ 1999 seinen großen Auftritt hatte und damals 200 Spielzeuge namentlich unterscheiden konnte?
Er hat die Namen der Spielzeuge genauso gelernt, wie es hier beschrieben wird. Zu den Spielzeugen, die er schon kannte, kam immer ein neues dazu. Rico hat durch das bloße Hören eines neuen Namens sofort erkannt, dass es sich auch um ein neues Spielzeug handeln muss.
Genauso verhält es sich natürlich auch mit den Gegenständen, die Sie Ihrem Hund vertraut machen möchten. Sobald Ihre kleine Haushaltshilfe einen Gegenstand gelernt hat und diesen zuverlässig erkennt, wird sie sehr schnell verstehen: Neues Wort = Neuer Gegenstand.

# Weitere Gegenstände identifizieren

Wort für Wort lernt Ihr Hund nun ein Objekt nach dem anderen kennen. Geben Sie ihm genug Zeit, damit er herausfinden kann, dass jedes neue Wort ein neues Objekt bedeutet. Achten Sie einmal darauf, wie das Köpfchen ihres Vierbeiners arbeiten muss, wenn Sie zum ersten Mal ein neues Wort, zusätzlich zu den schon bekannten, gebrauchen. Ich finde es immer faszinierend, dass Hunde sofort bemerken „... das Wort kenne ich noch nicht ..."

## *So geht's los*

Nehmen wir das Beispiel Schlüssel, Geldbörse und Telefon. Das Telefon wird von Ihrem Hund inzwischen verlässlich angezeigt. Bei dieser Übung ist es egal, ob Sie die Gegenstände in der Hand oder neben Ihnen auf einem Tischchen oder Hocker platziert haben.

Zeigen Sie dem Hund die Gegenstände und führen Sie jetzt das Hörzeichen „Schlüssel" ein. Ihr Hund wird mit Sicherheit stutzig werden, denn die Gegenstände Telefon

*Als erstes hat Angel, wie im vorigen Kapitel beschrieben, „Telefon" gelernt. Es liegen mehrere Gegenstände auf dem Tisch. Angel überlegt, welcher mit dem neuen Wort gemeint ist.*

und Geldbeutel kennt er ja schon. Ihr Vierbeiner sollte sich aufgrund des neuen Wortes auch für den unbekannten Gegenstand, also den Schlüssel, entscheiden. Falls er sich für das Telefon entscheidet, ignorieren Sie das bitte, sagen nochmals „Schlüssel" und verzichten auf ein zusätzliches Sichtzeichen, da der Hund das Wort „Schlüssel" lernen muss.

Geben Sie dem Hund Zeit umzudenken, er wird es ganz sicher tun. Bei der Ausbildung zum Blindenführhund wird ebenso verfahren, denn ein blinder Mensch ist darauf angewiesen, dass sein Führhund ausschließlich und sofort nur auf Hörzeichen reagiert.

Entscheidet sich Ihr kleiner Helfer für den Schlüssel, wird er sofort belohnt. Auch hier sollten wir Stimmlob noch weglassen. Sie „schmettern" sonst dem Hund eventuell einen Wortsalat aus „supi", „fein", „prima", „tolles Mädchen" oder „good boy" entgegen – und das Wort, welches der Hund lernen soll, geht darin unter. Es geht nur um den Schlüssel, dieses Wort soll der Hund lernen.

## *So geht's weiter*

Der Hund entscheidet sich nun immer häufiger für das richtige Objekt, also den Schlüssel. Die ausgewählten Gegenstände liegen noch immer sehr nah beim Hund.

Jetzt wird es Zeit, die Wörter abzuwechseln. Verlangen Sie zwischendurch ruhig auch mal das Telefon, dann wieder den Schlüssel.

*Das zweite Wort, welches Angel lernen soll, ist „Schlüssel". Die Gegenstände liegen auf dem Tisch, Angel soll sich für den Schlüssel entscheiden, das neue Wort wird gelernt.*

Bitte arbeiten Sie nie länger als fünf Minuten am Erlernen neuer Gegenstände, auch wenn es gut läuft. Es ist verführerisch, zu lange zu arbeiten, wenn alles super klappt. Aber es wäre fatal, wenn der Lernerfolg plötzlich kippt und der Hund mit einem Misserfolg aus der Übung herausgehen muss. Beenden Sie die Übungen daher am besten, wenn es gerade am schönsten ist, auch, wenn es schwerfällt.

## *So wird's komplett*

Wenn die Fehlerquote Ihres Hundes bei nur noch rund 10 % liegt, d. h. wenn er in neun von zehn Fällen auf Ihre Benennung hin den richtigen Gegenstand anzeigt, können Sie davon ausgehen, dass er das neue Wort gelernt hat.

Geben Sie doch auch den Spieltieren Ihres Hundes Namen. Bei uns gibt es zum Beispiel Miep die Maus, Ben den Bär, Eric den Elch und Rudi die Ratte. Verwenden Sie kurze, prägnante Namen, idealerweise zweisilbig. Es macht Hund und Halter viel mehr Spaß, wenn der Vierbeiner sein Spielzeug auf den genannten Namen aufräumt.

## *Wenn es nicht klappt*

- Sind die Gegenstände zu weit weg vom Hund? Verringern Sie die Distanz.
- Liegen die Gegenstände womöglich zu nah beieinander? Rücken Sie diese auseinander.
- Gehen Sie eventuell zu schnell vor? Verschaffen Sie dem Hund Erfolgserlebnisse mit Übungen, die er gut kann.
- Ist der Hund möglicherweise müde? Diese Arbeit ist für den Hund maximal anstrengend. Machen Sie eine Pause oder arbeiten Sie sogar erst am nächsten Tag weiter.
- Haben Sie viel Geduld. Vor allem Hunde, die dieses Ausbildungssystem nicht gewohnt sind, brauchen manchmal mehr Zeit, um das Umdenken zu lernen.

# Benannte Gegenstände bringen

„Schlappen“

„Zeitung“

„Taschentücher“

Gefällt Ihnen die Vorstellung, dass Ihr Vierbeiner Ihnen die Hausschuhe oder die Taschentücher bringt? Manchmal wäre es doch sehr praktisch, so einen kleinen Butler zu haben. Sobald Ihr Hund das Prinzip „Gegenstände identifizieren“ verstanden hat und die ersten „Vokabeln“ kennt, können Sie sich diese Gegenstände im nächsten Schritt gezielt bringen lassen. Beginnen wir als Beispiel mit den Hausschuhen.

Ob Ihnen der Hund Schuhe bringen soll, müssen Sie individuell entscheiden. Falls Sie wünschen, dass sich Ihr Hund grundsätzlich nicht für Schuhe interessiert und diese in Ruhe lässt, können Sie sich einen anderen Gegenstand aussuchen, den er Ihnen stattdessen bringen könnte.

## Hausschuhe bringen

### *So geht's los*

„Hausschuhe“ ist als Hörzeichen etwas zu lang. Deshalb verwenden wir hier „Schlappen“. Sie können auch „Puschen“ oder ein anderes Wort, welches Ihnen gut von den Lippen geht, etablieren. Sobald Sie die Übung „Wörter lernen“ erfolgreich vollendet haben und Ihr Hund nun das Hörzeichen für Hausschuhe kennt, kann es losgehen.

Beginnen Sie wie immer über eine sehr kurze Distanz. Die Hausschuhe stehen zwischen Ihnen und dem Hund

*Onyx soll das Wort „Schlappen“ lernen. Die Hausschuhe stehen direkt beim Hund, sodass er schnell auf die Idee kommen kann, dass es um diese Schuhe geht.*

auf dem Boden. Sagen Sie das von Ihnen gewählte Hörzeichen, auf das Ihnen Ihr kleiner Butler den Hausschuh und auf Wiederholung des Hörzeichens den zweiten Hausschuh in die Hand geben soll.

Vermeiden Sie es, zu häufig mit dem Finger auf die Hausschuhe zu deuten. Ihr Hund soll ja lernen, ausschließlich auf das Hörzeichen zu reagieren.

## So geht's weiter

Wie bei jeder Übung, die später einmal über eine größere Distanz klappen soll, bauen Sie nun wieder Schritt für Schritt die Entfernung auf, aus der Ihr Hund die Hausschuhe holen soll. Gehen Sie dabei langsam vor. Eine gute Basis erspart viel Korrekturarbeit.

Klappt es über eine längere, gerade Distanz, beziehen Sie andere Räume mit ein. Ihr Hund soll nun lernen, um die Ecke zu denken. Gehen Sie diese Übung auch wieder über eine sehr kurze Distanz an. Stellen Sie sich in die Tür eines Raumes, zum Beispiel des Schlafzimmers, und platzieren Sie die Schuhe in einem anderen Raum, zum Beispiel im Wohnzimmer, sodass der Hund die Tür durchqueren muss.

Arbeiten Sie sich und Ihren kleinen Butler immer weiter von dem Raum weg, in dem die Schuhe stehen. Vermeiden Sie auch hier bitte das Zeigen mit der Hand oder dem Finger in Richtung Schuhe. Die Belohnung und das Lob sollten natürlich überschwänglich ausfallen.

*Der kleine Schuh-Servicehund Onyx hat das Wort „Schlappen“ gelernt und läuft auch über eine weitere Wegstrecke gezielt zu den rosa Schlappen.*

## So wird's komplett

Sie können, wenn der zweite Schritt gut klappt, die Räume wechseln. Wenn Sie einen festen Platz für Ihre Hausschuhe haben, erübrigt sich dieser Schritt natürlich.

Abgeschlossen ist die Übung, wenn Ihnen Ihr neuer Kammerdiener die Hausschuhe zielgerichtet und sofort bringt, wenn Sie diese mit dem eingeführten Hörzeichen benennen.

Hat Ihr Hund die Namen seiner Spielsachen schon gelernt, können Sie sich diese ebenfalls bringen lassen. Das Training wird damit interessanter, abwechslungsreicher und bleibt spannender, wenn Sie Ihren Vierbeiner losschicken, den Elch „Eric" zu holen, als nur mit einem einfach „Bring".

### Wenn es nicht klappt

- In der Praxis stelle ich immer wieder fest, dass schon anfangs eine zu große Distanz gewählt wird. Wenn der Hund schon etwas bringen oder apportieren kann, verführt das gelegentlich dazu, die nächsten Übungen übermotiviert anzugehen. Arbeiten Sie am Anfang IMMER über ganz kurze Entfernungen.
- Sind die Hausschuhe eventuell zu groß für die Hundeschnute? Passen Sie die Größe der Schuhe an oder lassen Sie sich einfach ein Paar dicke Socken bringen.
- Traut sich der Hund eventuell nicht an die Hausschuhe heran, weil er gelernt hat, dass Schuhe tabu sind? Es liegt bei Ihnen, ob Ihr Hund nun Schuhe nehmen darf oder nicht. Möchten Sie, dass Ihr Hund auch weiterhin Schuhe ignoriert, versuchen Sie es stattdessen mit dicken Socken.

## Taschentücher bringen

Nach dem gleichen Prinzip kann Ihr Hund zum Beispiel auch Taschentücher bringen, aber der Unterschied ist, dass diese in der Regel nicht auf dem Boden liegen. Deshalb unterscheidet sich diese Übung etwas vom Schuhebringen. Die Schritte gelten aber selbstverständlich für alle Gegenstände, die der Hund nicht auf dem Boden vorfinden soll.

### So geht's los

Platzieren Sie eine Packung Taschentücher auf einem niedrigen Tisch oder einem Hocker direkt neben dem Hund. Der Hund sollte die Packung gut sehen können und leicht an sie herankommen. Hier verwenden wir das Hörzeichen „Hatschi", Sie können jedoch auch wieder ein anderes Hörzeichen Ihrer Wahl verwenden.

Auf Ihr gewähltes Hörzeichen soll der Hund die Taschentücher vom Tisch / Hocker nehmen und in Ihre Hand geben. Fällt die Packung zu Boden, heben Sie diese auf und legen sie kommentarlos zurück auf den Tisch / Hocker. Wiederholen Sie das Hörzeichen.

## So geht's weiter

Verändern Sie Ihre Position. Einmal stehen Sie neben dem Tisch/Hocker, dann sitzen Sie auf dem Sofa oder auf einem Stuhl. Es gibt Hunde, die sich schwertun, gelernte Aktionen auszuführen, wenn sich Lokalitäten, Ablageorte und die Position des Halters ändern. Deshalb sollte man dies gleich von Anfang an in die Übungen einbinden. Wechseln Sie auch die Räume, in denen Sie üben.

*Ich arbeite sehr gerne mit Papiertaschentüchern. Die Verpackung ist weich, nicht zu groß, auch Ida nimmt diesen Übungsgegenstand sofort gerne ins Schnäuzchen.*

Langsam erhöhen Sie nun auch die Distanzen. Die Taschentücher liegen nun immer weiter von Ihnen entfernt. Wie beim Bringen der Hausschuhe können Sie die Übung auf mehrere Räume ausweiten. Dies sollten Sie jedoch erst tun, wenn Ihr Hund das Hörzeichen, welches zu den Taschentüchern gehört, wirklich generalisiert hat.

*Ida gibt die Taschentücher sauber in die Hand ab, ohne sie auf dem Weg zu Frauchen zu verlieren oder sie neben der Hand auf den Boden fallen zu lassen.*

## *So wird's komplett*

Abgeschlossen ist die Übung, wenn Ihr kleiner Butler die Taschentücher zum Beispiel auch von einem Regal holt. Er hat gelernt, wie die Packung Taschentücher aussieht und geht auf Kommando sofort auf die Suche danach.

Außerordentlich praktisch ist diese Aufgabenstellung für den Hund bei Gegenständen, die gerne verlegt werden. Den Schlüssel und die Brille müssen Sie dann nicht mehr selbst suchen, das übernimmt Ihr kleiner Servicehund.

## *Wenn es nicht klappt*

- Hat Ihr Hund möglicherweise Angst, Plastik in den Fang zu nehmen? Trainieren Sie nochmals „Gewöhnung an unterschiedliche Materialien".
- Funktioniert es mit dem Plastik so gar nicht, packen Sie die Taschentücher in ein Täschchen aus Stoff oder Wolle.
- Hat Ihr Hund Probleme, etwas von einem Tisch zu nehmen, weil es ihm bisher verboten war? Legen Sie die Taschentücher in ein Regalfach, zu dem der Hund guten Zugang hat.
- Arbeiten Sie nicht zu lange mit dem Hund an einer neuen Übung. Stellen Sie sicher, dass er sich wohlfühlt, nicht zu müde oder abgelenkt ist und vor allem, dass er Lust hat, mit Ihnen zusammen zu arbeiten.

# Geldbeutel aus einer Tasche stehlen

Dies ist eher eine Übung aus der Kategorie „Tricks“, die dennoch Spaß macht. Was der Hund „klauen“ soll, bleibt Ihrer Fantasie überlassen. Wir arbeiten hier mit einem Geldbeutel.

Gewöhnen Sie Ihren Hund zuerst an die Tasche, aus der der Geldbeutel später stibitzt werden soll. Verwenden Sie dazu eine Tasche mit großer Öffnung. Badetaschen zum Beispiel sind hierfür gut geeignet. Es gibt Hunde, die ihren Kopf nur zögernd in etwas hineinstecken. Legen Sie zunächst einfach nur ein paar Leckerchen in die Tasche, die sich der Hund herausholen darf.

Sobald Ihr kleiner Dieb den Kopf ohne Zögern in die Tasche steckt, kommt der Geldbeutel ins Spiel. Die Colliehündin Angel macht es vor.

## *So geht's los*

Hörzeichen könnten „Klau“ und „Kohle“ sein. „Kohle“ verwende ich statt des etwas zu langen Wortes „Geldbeutel“.

Ihr Hund sollte an dieser Stelle bereits gelernt haben, etwas aus einem Behältnis herauszuholen (siehe S. 43: Waschmaschine ausräumen). Sie stehen direkt neben der Tasche, in der sich der Geldbeutel befindet. Animieren Sie Ihren Hund dazu, den Geldbeutel aus der Tasche zu holen.

Bei diesem Trick ist der Gegenstand, den der Hund holen soll, für ihn nicht sichtbar. Falls sich Ihr Hund am Anfang schwertut, helfen Sie ihm mit einem kurzen Fingerzeig. Den Geldbeutel gibt Ihnen der Hund zielsicher in die Hand.

*Angel steckt ihre Nase ohne Scheu in die Tasche. Sie hat auch verstanden, einen Gegenstand, den sie nicht sieht, zu suchen und zu erkennen.*

## So geht's weiter

Entfernen Sie sich nun immer weiter von der Tasche. Bauen Sie die Distanz wieder ganz langsam auf. Der Hund hat nun gelernt, dass das Objekt seiner Begierde in der Tasche und für ihn nicht sichtbar ist. Falls sich Ihr kleiner Dieb anderweitig auf die Suche nach anderen Gegenständen begibt, verringern Sie die Distanz wieder.

Lassen Sie sich den Geldbeutel zielgenau in die Hand geben, nur dafür wird der Hund belohnt. Fällt der Geldbeutel zu Boden, legen Sie diesen kommentarlos in die Tasche zurück und versuchen es noch einmal. Sie ersparen sich viel Korrekturarbeit, wenn Sie die Basis sauber aufbauen.

*Erwischt – die kleine Diebin Angel stiehlt mit einem kontrollierenden Seitenblick die Geldbörse von Herrchen aus einer Tasche.*

## So wird's komplett

Verändern Sie wieder Ihre Position. Wenn Sie sich sicher sind, dass der kleine Räuber seine Aufgabe verstanden hat, können Sie sich auch in einen anderen Raum begeben und den Hund von dort aus zur Tasche zum Stehlen schicken.

Hat der kleine Dieb verstanden, um was es geht, lassen Sie ihn doch auch mal kleinere Dinge entwenden. Einen Euroschein aus dem Geldbeutel oder die Scheckkarte von Herrchen aus der Hosentasche.

## Wenn es nicht klappt

- Wagt es der Hund nicht, den Kopf in die Tasche zu stecken? Erhöhen Sie die Wertigkeit der Belohnung. Ein Stück Wurst oder Käse lässt Hunde mutiger werden.
- Verschwindet der Hund mit seiner Beute oder spielt damit? Machen Sie die Übung nach dem Gassigang, wenn der Hund ruhiger ist.
- Begibt sich der Hund immer woanders auf die Suche? Arbeiten Sie länger am ersten Schritt, bleiben Sie näher an der Tasche.

# Lichtschalter betätigen

Als sehr praktisch erweist sich diese Hilfestellung aus dem Repertoire „echter" Assistenzhunde, wenn man selbst keine Hand frei hat, um Licht zu machen.

Zunächst wird der Hund mit verschiedenen Arten von Lichtschaltern bekanntgemacht. Schalter an der Wand soll er künftig lernen mit der Nase zu bedienen, für Bodenlampen soll er eine Pfote nehmen. Auf diese Weise lernt Ihr Hund gleichzeitig seine verschiedenen Körperteile kennen und Ihre Wände und Tapeten bleiben heile und sauber.

## *So geht's los*

Wir üben hier mit einem Lichtschalter, der am Anfang in der Hand gehalten wird. Einen solchen können Sie im Baumarkt einzeln kaufen. Idealerweise sieht dieser Übungs-Lichtschalter genauso aus wie die Lichtschalter, die bei Ihnen zu Hause an der Wand angebracht sind und die der Hund später im Alltag betätigen soll. Ein naheliegendes Hörzeichen wäre natürlich „Licht", ist selbstverständlich aber keine bindende Vorgabe.

Für die Anfangsübung können Sie es sich wieder auf dem Sofa bequem machen, während der Hund vor Ihnen steht. So bringen wir auch wieder Ruhe in das Training. Falls Sie mit Clicker als Markersignal arbeiten, kann, aber muss es nicht sein, dass Ihr Hund durch das zusätzliche Klickgeräusch beim Betätigen des Lichtschalters verwirrt wird. In dem Fall wäre es praktischer, mit einem konditionierten Markerwort anstelle des Clickers zu arbeiten.

Halten Sie dem Hund den Lichtschalter so vor, dass er diesem mit der Nase ein Stück entgegenkommen muss, um ihn zu beschnüffeln. Halten Sie den Schalter nicht zu hoch und nicht zu tief. Der Hund soll am Anfang wieder schnelle Erfolge haben. Sagen Sie Ihr Hörzeichen, worauf der Hund den Lichtschalter mit der Nase berühren

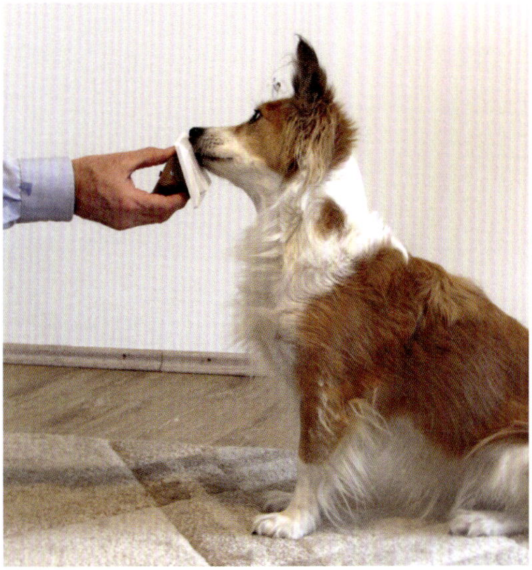

*Honey stupst den Übungslichtschalter so lange mit der Nase an, bis das Klickgeräusch des umkippenden Schalters ertönt*

soll. Für den Anfang reicht uns ein leichtes Berühren, der Hund muss den Lichtschalter ja erst einmal kennenlernen.

## So geht's weiter

Im zweiten Schritt reicht uns ein einfaches Touchen nicht mehr. Jetzt warten Sie bitte auf das klickende Geräusch, wenn der Schalter vom Hund umgelegt wird. Ihr Vierbeiner bekommt die Belohnung jetzt nur noch, wenn Sie dieses Geräusch gehört haben.

Begeben Sie sich jetzt in eine stehende Position und halten Sie den Lichtschalter langsam immer höher. Der Hund kann ruhig einen kleinen Hopser machen, um an den Schalter zu gelangen. Worauf Sie auf jeden Fall warten müssen, ist das klickende Geräusch, also das komplette Betätigen des Schalters – nur noch dieses wird belohnt. Gleichzeitig wir das Klickgeräusch des umgelegten Schalters für den Hund zum Signal, dass er es richtig gemacht hat und die Belohnung (das Leckerchen) gleich kommt.

Auch kleine Hunde können lernen, einen Lichtschalter zu bedienen. Helfen Sie dazu Ihrem Kleinhund mit einem Hocker, einem Podest oder einem Stuhl, den Sie direkt unter den Lichtschalter stellen.

## So wird's komplett

Der Hund hat verstanden, um was es geht, berührt den Lichtschalter in Ihrer Hand zuverlässig und so lange, bis das Klickgeräusch des Umschaltens zu hören ist.

## Wenn es nicht klappt

- Könnte es sein, dass der Lichtschalter zu klein ist? Verwenden Sie zum Üben einen Lichtschalter mit größerer Fläche.
- Hat Ihr Hund Probleme, mit der Nase an den Schalter zu gehen? Üben Sie mit unterschiedlichen Materialien den Nasen-Touch.
- Kann Ihr Hund eventuell das Klickgeräusch nicht mit dem Lichtschalter verknüpfen? Trainieren Sie wie mit dem Clicker. Sie betätigen den Lichtschalter und bei jedem Klickgeräusch belohnen Sie den Hund, so kann er das Geräusch des Schalters mit Belohnung verbinden.
- Zeigt Ihr Hund womöglich Meideverhalten beim Klickgeräusch des Lichtschalters? Geben Sie dem Hund Zeit, sich daran zu gewöhnen. Verwenden Sie ganz besonders leckere Belohnungen.

# Echten Lichtschalter an der Wand betätigen

*Den Übungs-Lichtschalter kann Jaros Frauchen jetzt weglassen. Als kleine Hilfe kann die Hand eingesetzt werden, um ihm das Ziel „Schalter“ deutlich zu machen.*

Der nächste Übungsschritt besteht nun darin, dass Ihr Hund auch einen an der Wand angebrachten Lichtschalter betätigen kann. Voraussetzung ist, dass Ihr Hund bereits gelernt hat, den hochgehaltenen Lichtschalter zuverlässig mit der Nase zu betätigen.

## *So geht's los*

Begeben Sie sich mit dem Hund nun an einen ausgewählten Lichtschalter in Ihrem Zuhause. Im Idealfall hat der Hund um den Lichtschalter herum genügend Platz.

Halten Sie den Übungs-Lichtschalter neben den Lichtschalter an der Wand. Auf das gewählte Hörzeichen sollte der Hund mittels eines kleinen Sprungs den Lichtschalter erreichen und es so lange versuchen, bis er das Klickgeräusch erzeugt hat.

## *So geht's weiter*

Den Übungs-Lichtschalter halten Sie im weiteren Verlauf langsam immer höher, sodass der Hund gar nicht anders kann, als den tatsächlichen Lichtschalter an der Wand zu betätigen.

Warten Sie immer ab, bis das Klickgeräusch des Lichtschalters an der Wand zu hören ist, erst dann wird der Hund belohnt.

### Pfoten sind verboten

Unterbinden Sie jeden Versuch des Hundes, die Wand mit den Pfoten zu berühren, sich abzustützen oder den Lichtschalter mit den Pfoten zu erreichen. Falls Ihr Hund mit den Pfoten arbeiten möchte, entfernen Sie sich von der Wand, lassen Sie den Hund den Lichtschalter in Ihrer Hand ein paar Mal mit der Nase berühren und gehen Sie dann erst zur Wand zurück.
Dies gilt selbstverständlich auch für kleine Hunde. Auch kleine Krallen können Schäden an Wänden anrichten.

*Jaro kann jetzt Licht machen! Sehr praktisch, wenn Frauchen zum Beispiel nach dem Einkauf die Hände voll hat und nicht selbst das Licht anschalten kann.*

## So wird's komplett

Versuchen Sie, den Hund über eine kurze Distanz zum Lichtschalter an der Wand zu schicken. Hierbei können Sie am Anfang dem Hund mit einem Fingerzeig helfen. Das Hörzeichen „Licht" sollte er bereits generalisiert haben. Achten Sie darauf, dass der Hund so lange arbeitet, bis das Klickgeräusch des Schalters zu hören ist. Erhöhen Sie die Distanzen wieder ganz langsam und vermeiden Sie, den Hund zu belohnen, wenn es nicht geklickt hat.

Natürlich müssen Sie jetzt nicht vor jedem Lichtschalter ständig einen Hocker oder Stuhl platzieren. Erklären Sie einen bestimmten Lichtschalter in der Wohnung / im Haus zum „Hunde-Schalter".

## Wenn es nicht klappt

- Siehe die Tipps von „Lichtschalter kennenlernen".
- Wenn sich Ihr Hund nicht so wirklich an die Wand heranwagt, üben Sie einfach noch eine Zeit lang mit dem Übungs-Lichtschalter in der Hand, bis Sie den Eindruck haben, dass er nun genug Sicherheit erlangt hat.

# Eine Bodenlampe betätigen

Bodenlampen sind für den Hund leichter zu bedienen als Schalter an der Wand. Bei dieser Übung können auch kleine Hunde ihr großes Potenzial als Haushaltshelfer zur Schau stellen. Darüber hinaus kann es bei Besuchern großen Eindruck machen, wenn Sie Ihren Beleuchtungsbeauftragten bitten, Licht zu machen. Nun kommen die Pfoten zum Einsatz.

## *So geht's los*

Bodenlampen werden vom Hund ausschließlich mit den Pfoten betätigt. Ein Nasen-Touch reicht oftmals nicht aus, um die Bodenlampe einzuschalten. Als Hörzeichen naheliegend wäre „Lampe“. Die Hörzeichen für den Lichtschalter an der Wand und die Bodenlampe müssen sich unterscheiden. Die Arbeit für den Hund ist eine andere, wofür wir dann auch ein anderes Hörzeichen brauchen. Der Lichtschalter an der Wand darf nur mit der Nase berührt werden, die Bodenlampe mit den Pfoten.

Positionieren Sie die Bodenlampe bzw. deren Fußteil mit dem Schalter zwischen Ihnen und dem Hund auf dem Boden, anstatt mit dem Hund zur Bodenlampe zu gehen, die am gewohnten Ort steht. So wird für ihn klar, dass er mit der Lampe vermutlich irgendetwas machen soll, denn das Prinzip kennt er ja schon von Ihren anderen Übungen.

*Frauchen hilft dem Rüden Xare mit der Hand, das Ziel „Bodenlampe“ kennen zu lernen. Die meisten Hunde können Pfote geben, deshalb ist die Hand immer eine gute Hilfe.*

Mit allergrößter Wahrscheinlichkeit wird Ihr Hund die Lampe nun zuerst mit der Nase anstupsen. Ignorieren Sie dies bitte, denn mit genauso großer Wahrscheinlichkeit wird er, wenn die Nase keinen Erfolg hat, sehr schnell die Pfote einsetzen. Dies wird sofort mit einem Leckerchen belohnt.

Achten Sie explizit darauf, dass der Hund die Bodenlampe nur einmal mit der Pfote betätigt. Er soll nicht auf die Lampe trampeln oder darauf kratzen. Falls Ihr Hund dazu neigt, halten Sie die Hand über die Lampe oder entziehen Sie ihm diese. Warten Sie einen Moment und versuchen Sie es nochmals.

## *So geht's weiter*

Schieben Sie nun die Lampe ganz langsam immer weiter von sich und dem Hund weg. Geben Sie nicht zu viele Handzeichen, der Vierbeiner soll das gewählte Hörzeichen lernen. Natürlich dürfen Sie am Anfang noch mit einem Fingerzeig helfen.

Verändern Sie Ihre Position. Mal stehen Sie, mal sitzen Sie. Viele Hunde müssen erst lernen, umzudenken, wenn sich der Halter in einer anderen, neuen Position befindet. Schicken Sie den Hund über immer weitere Strecken zur Lampe und lassen ihn diese mit der Pfote berühren.

## *So wird's komplett*

Abgeschlossen ist dieses Training, wenn der Hund ausschließlich aufgrund des Hörzeichens zur Bodenlampe läuft und diese mit einem Pfotentip anschaltet.

*Und schon klappt es wie von selbst! Spanielrüde Xare hat die Verknüpfung der Bodenlampe mit Pfote gelernt und ist zu Hause nun der neue Beleuchtungsexperte.*

Falls Ihr Hund auch für die Bodenlampe zu klein oder zu leicht ist, wäre eine Rezeptionsglocke eine Alternative. Dann „klingelt" Ihr süßer Zwerg eben, anstatt Licht zu machen. Das Training zum Betätigen der Rezeptionsglocke läuft genauso ab wie das Training auf die Bodenlampe.

## *Wenn es nicht klappt*

- Hat der Hund eventuell Furcht, die Bodenlampe mit der Pfote zu berühren? Üben Sie mit unterschiedlichen Materialien „Pfote drauf". Beginnen Sie mit einer kleinen Schachtel. Ermutigen Sie den Hund, seine Pfote auf die Schachtel zu legen. Kann der Hund „Pfote geben", können Sie ihm mit Ihrer Hand, die auf der Schachtel liegt, ein wenig helfen. Tauschen Sie die Schachtel anschließend gegen eine kleine, auf dem Kopf stehende Plastikschüssel aus und üben Sie weiter „Pfote drauf". Klappt das, bieten Sie dem Hund die Bodenlampe an.
- Ihr Hund muss hierbei lernen, Körperteile zu unterscheiden. Der Lichtschalter an der Wand darf nur mit der Nase betätigt werden, die Bodenlampe nur mit den Pfoten. Geben Sie dem Hund genügend Zeit, dies zu verinnerlichen und achten Sie darauf, unterschiedliche Hörzeichen für beides zu verwenden.

# Versteckte Gegenstände auf Hörzeichen suchen

Dies ist eigentlich die Paradeübung eines jeden Hundes. Als Haushaltshelfer muss der Hund jedoch nicht nur die Nase einsetzen, sondern auch mit den Augen arbeiten, um den richtigen Gegenstand zu finden. Nehmen wir als Beispiel, der Hund soll die bewährte Taschentuchpackung bringen und hat das Wort dafür bereits gelernt.

*Die aufmerksame Colliehündin Angel hat das Wort „Taschentuch" bereits gelernt. Auf dieses Hörzeichen läuft sie los und sucht die Taschentücherpackung.*

## *So geht's los*

Wie immer machen wir es dem Hund am Anfang einfach, um ihm schnell ein Erfolgserlebnis zu verschaffen. Die Taschentuchpackung liegt in nicht allzu weiter Entfernung, Sie sollten mit maximal einem Meter anfangen. Ihr angehender Suchhund darf am Anfang auch noch zusehen, wo Sie die Packung hinlegen: auf ein Tischchen, auf das Sofa, auf einen Stuhl, auf jeden Fall aber so, dass sie der Hund gut erreichen kann.

Mit dem naheliegenden Hörzeichen „Such Taschentuch" schicken Sie den Hund los. Warten Sie ab, bis der Hund bei der Packung ist. Es geht nicht um das sogenannte „freie Formen" oder „Shapen", bei dem der Hund das richtige Verhalten durch freies Ausprobieren entdecken soll. Das bloße Schauen in Richtung der Taschentuchpackung wird also NICHT belohnt. Das große Lob gibt es erst, wenn der Hund bei der Packung ist. Verwenden Sie bitte nicht zu viele Handzeichen. Am Ende des Trainings soll der Hund ja nur aufgrund des gewählten Hörzeichens die Taschentücher suchen.

Entscheiden Sie bitte individuell, ob der Hund die Taschentücher bringen oder nur anzeigen soll. Ist das Bringen das Ziel, sollten Sie mit der Packung das Bringen wie auf S. 78 beschrieben geübt haben. Möchten Sie, dass der Hund die Taschentücherverpackung nur anzeigt, üben Sie vorab wie auf S. 98 beschrieben.

*Eine lustige Variante kann es sein, den Hund mit einem „Hatschi" auf den Weg zu den Taschentüchern zu schicken.*

## So geht's weiter

Platzieren Sie die verpackten Tücher im weiteren Verlauf des Trainings immer weiter von sich und dem Hund weg. Soll Ihr kleiner Suchhund die Verpackung bringen, warten Sie ab, bis er samt den Taschentüchern wieder bei Ihnen ist. Ist das Anzeigen das Ziel, gehen Sie zum Hund, sobald er bei der Verpackung angekommen ist und belohnen ihn dort an Ort und Stelle.

Beziehen Sie gerne wieder mehrere Räume ein. Türen können für Hunde anfangs oft „Hindernisse" sein. Beginnen Sie diese Übung, in dem Sie in der Tür stehenbleiben. Im Laufe des Trainings arbeiten Sie sich immer weiter von den Türen weg.

Bestehen Sie darauf, dass Ihr neuer Taschentuch-Servicemitarbeiter die Verpackung korrekt anzeigt oder zielgerichtet bei Ihnen abliefert. Falls Ihr Hund die Plastikverpackung der Papiertaschentücher nicht gerne ins Schnäuzchen nimmt, tauschen Sie die Plastikverpackung durch ein kleines Täschchen aus.

## So wird's komplett

Ihr Hund sucht zielgerichtet die Taschentücher und bringt diese auch aus einem anderen Raum zu Ihnen. Wenn Anzeigen das Ende der Übung sein soll, bleibt der Hund dabei im anderen Raum und zeigt die Packung mit der Nase an. Ihr felliger Helfer sollte bei den Taschentüchern bleiben (siehe S. 98).

Setzen Sie auch hier zur Abwechslung das neu „getaufte" Spielzeug ein. Hat Ihnen der Hund das namentlich genannte Plüschtier gebracht, kann die Belohnung ein ausgelassenes Spiel sein. So behält der Hund auch den Spaß an dieser Arbeit.

*Angel hat die Taschentücher gefunden. Natürlich sollte die Packung so liegen, dass der Hund diese sehen kann und gut an die Taschentücher herankommt.*

## Wenn es nicht klappt

- Ihr Hund nimmt die Taschentücherpackung nicht in den Fang? Entscheiden Sie individuell. Entweder trainieren Sie nochmals „Gewöhnung an unterschiedliche Materialien" oder lassen den Hund die Verpackung einfach nur anzeigen.
- Achten Sie entschieden darauf, dass der Hund nicht knautscht, eventuell sollten Sie „nicht knautschen" nochmals üben.
- Ist der gewählte Gegenstand eventuell zu groß für den Hund? Lassen Sie Ihren Kleinhund das Objekt nur anzeigen oder verwenden Sie etwas Kleineres, Leichteres.

# Gegenstände auf den Schoß legen

Dies ist eine niedliche Aufgabe für Hunde jeder Größe. Eine witzige Verhaltenskette wäre, wenn der Hund etwas aus einer Tasche nimmt und dann einer Person den Gegenstand in den Schoß legt. Nehmen wir hier als Beispiel noch einmal die Geldbörse von Herrchen. Voraussetzung ist, dass Ihr Hund die Geldbörse an sich und das Wort dafür zuverlässig erkennt. Natürlich könnte die Colliehündin Angel, die wir später (siehe S. 83) noch als Diebin entlarven, Herrchens Geldbörse auch zu Frauchen bringen.

## *So geht's los*

Beginnen Sie auch bei dieser Übung über kurze Distanzen. Häufig entscheidet sich an der Entfernung, ob ein Training funktioniert oder nicht.

Sie sitzen auf dem Sofa oder auf einem Stuhl. Die Geldbörse liegt neben Ihnen. Ermutigen Sie den Hund, die Geldbörse in den Fang zu nehmen und Ihnen auf den Schoß zu legen. Da Ihr Hund schon gelernt hat, Ihnen etwas in die Hand zu geben, können Sie anfangs mit der geöffneten Hand, die in Ihrem Schoß liegt, etwas helfen.

Fällt die Geldbörse zu Boden, nehmen Sie diese bitte kommentarlos hoch, legen sie auf den gleichen Platz zurück und motivieren den Hund, die Übung nochmals auszuführen. Belohnungen gibt es nur, wenn die Geldbörse auf Ihrem Schoß landet.

*Am Anfang hilft Herrchen Angel mit der Hand. Die Hand kennt die aufgeweckte Hündin schon als Ziel, wenn sie ihrem Herrchen etwas geben soll.*

Kleine Hunde können mit den Vorderpfoten hochkommen, sich auf Ihren Oberschenkeln abstützen und so ebenfalls etwas auf Ihren Schoß legen.

Soll Ihnen der Hund auf dem Boden liegende Objekte auf den Schoß legen, legen Sie das erste Übungsobjekt direkt vor sich auf den Boden und führen das Prozedere wie beschrieben durch.

## *So geht's weiter*

Positionieren Sie die Geldbörse nun weiter von Ihnen entfernt (Tisch, Hocker, Stuhl, Regal oder am anderen Ende des Sofas) und gehen Sie zurück an die Stelle, an der der Hund Sie bedienen soll. Bitte vermeiden Sie zu viele Handzeichen. Auf das gewählte Hörzeichen soll Ihr Hund loslaufen und Ihnen die Geldbörse auf den Schoß legen.

*Es dauert nicht lange, bis Angel verstanden hat, dass der Geldbeutel auf Herrchens Schoß landen soll. Die Hilfe mit der Hand als Ziel wurde im Laufe des Trainings immer weiter abgebaut.*

Soll er Ihnen ein Objekt vom Boden bringen, werfen Sie dieses bitte NICHT. Es geht nicht ums Apportieren, Ihr kleiner zukünftiger Haushaltshelfer soll sich auf die Hörzeichen konzentrieren. Werfen und Nachlaufen bringen zu viel „Spielcharakter" ins Training. Wenn Sie wollen, können Sie als Abschluss mit dem Hund spielen, während des Arbeitens sollte er jedoch konzentriert bei der Sache bleiben.

Legen Sie das Objekt in einiger Entfernung vom Sofa auf den Boden und gehen Sie zurück zu Ihrem Platz. Jetzt erst schicken Sie den Hund mit dem gewählten Hörzeichen los.

## *So wird's komplett*

Wenn Sie möchten, können Sie wieder mehrere Räume einbeziehen.

Abgeschlossen ist das Training, wenn der Hund das Hörzeichen verstanden hat und zielgerichtet sofort zu dem gewünschten Gegenstand läuft.

Aus dieser „Arbeit" kann zum Beispiel auch ein Familienspiel werden. Die Familienmitglieder sitzen im Kreis und der Hund trägt einen Gegenstand, zum Beispiel ein Spielzeug, von Schoß zu Schoß. Natürlich bekommt er dafür immer einen Keks von jedem Mitspieler.

## *Wenn es nicht klappt*

- Kommt Ihr Hund an die Geldbörse heran? Stellen Sie sicher, dass die Geldbörse für den Hund gut erreichbar ist.
- Ist Ihr Hund eventuell übermotiviert? Akzeptieren Sie es nicht, dass Ihnen der Hund die Geldbörse auf den Schoß „wirft".
- Trainieren Sie nach dem Spaziergang oder machen Sie mit dem Hund vorher ein paar Übungen, die er beherrscht. So kann man übermotivierte Hunde beruhigen.

# Gegenstände anzeigen

Nicht immer soll der Hund ein Objekt gleich bringen. Bei manchen Gegenständen ist es sinnvoller, dass der Hund sie lediglich anzeigt. Sei es, weil sie zu empfindlich sind, bei Kontakt mit der Hundeschnauze Schaden nehmen könnten oder wie ein Handy zum Beispiel nicht auf den Boden fallen dürfen. Im Prinzip läuft das Training wie bei ZOS (ZielObjektSuche) oder der sogenannten Schatzsuche ab.

Nehmen wir hier als Beispiel, dass Ihr Hund Ihre Brille anzeigen soll und das Wort dafür schon gelernt hat (siehe S. 68).

## *So geht's los*

Diesmal fangen wir mit einem höheren Ablageort an. Ihr neuer Brillenortungsbeauftragter soll Ihre Sehhilfe ja nur mit der Nase anzeigen. Legen Sie diese also so auf einen Tisch oder in ein Regal, dass sie der Hund zwar gut sehen kann, mit dem Fang jedoch nicht herankommt. Diese Übung klappt schneller, wenn der Hund schlicht und einfach an die Brille nicht so leicht herankommt und diese aufnehmen kann.

*Smilla soll lernen, die Brille nur anzuzeigen. Das heißt, sie soll die Brille nicht aufnehmen und bringen, sondern nur mit der Nase signalisieren, wo sie liegt*

Sie stehen am Anfang direkt neben dem Hund. Nachdem Sie das gewählte Hörzeichen, bei uns wieder das naheliegende „Brille", gesagt haben, warten Sie ab, bis Ihr Hund seine Nase in Richtung Ihrer Lesehilfe wendet. Die Nase muss nicht perfekt an der Brille „kleben". Es reicht, wenn der Hund zu Beginn zuverlässig in Richtung Brille schaut.

Versucht der Hund Ihre Sehhilfe aufzunehmen, wenden Sie sich und den Hund von der Brille ab und beginnen von vorne.

In diesem Fall bewährt sich ein Lobwort, es wird bei dieser Übung zum Signal für den Hund, dass die Übung jetzt zu Ende ist. Das heißt, der Hund wendet den Kopf erst dann von Ihrer Sehhilfe ab, wenn er das bei Ihnen etablierte Lobwort hört.

## So geht's weiter

Jetzt genügt uns ein kurzes Drehen des Kopfes in Richtung der Augengläser nicht mehr. Im nächsten Trainingsschritt warten Sie nun ein, zwei Sekunden länger, bis Sie den Hund belohnen.

Während dieser Zeit sollte er Nase und Blick die ganze Zeit auf die Brille richten. Er muss nicht zwingend mit der Nase an der Sehhilfe „kleben", es sollte jedoch eindeutig zu sehen sein, dass Nase und Blick des Hundes bei der Brille sind. Das Lobwort wird zum Auflösungskommando, Ihr Hund wendet den Kopf erst nach dem Lobwort zu Ihnen und wird erst dann belohnt.

Erhöhen Sie Sekunde um Sekunde die Zeiten, die der Hund seine Nase an Ihrer Sehhilfe lassen soll.

*Smilla macht das jetzt schon perfekt. Sie bleibt vor dem Tisch stehen, legt ihr Schnäuzchen auf den Tisch und zeigt mit der Nase zur Brille, ohne diese aufzunehmen.*

## So wird's komplett

Die Übung läuft richtig ab, wenn der Hund seine Nase und den Blick so lange auf die Brille richtet, bis Sie das Auflösungskommando, also Ihr Lobwort, aussprechen.

Möchten Sie, dass Ihr Hund lernt, unterschiedliche Objekt, zum Beispiel Schlüssel, Telefon, oder Handy anzuzeigen, bauen Sie die Anzeige wie oben beschrieben für jedes Objekt einzeln auf. Dafür sollte Ihr Vierbeiner natürlich die Bezeichnung oder den Namen der Objekte bereits gelernt haben.

### *Wenn es nicht klappt*

- Findet Ihr Hund die Brille auf der erhöhten Position nicht? Platzieren Sie diese etwas niedriger, achten Sie jedoch darauf, dass er sie nicht doch in den Fang nimmt.
- Ihr Hund lässt die Nase nicht lange genug bei der Sehhilfe? Trainieren Sie diesen Übungsschritt separat. Sie nehmen dazu die Brille in die Hand und ermutigen den Hund, seine Nase an die Brille zu drücken. Sie können ihm mit der Sehhilfe dabei etwas entgegenkommen.
- Berührt Ihr Hund eventuell die harte Brille nicht gerne mit der Nase? Beginnen Sie die Übung mit einem weicheren Gegenstand und steigern Sie dann die Härte.

# Kleiderservice – Socken und Jacken ausziehen

Socken ausziehen, Reißverschluss aufziehen, Klettverschlüsse öffnen und Schuhbänder lösen sind lustige kleine Hilfestellungen, die viele Hunde gerne ausführen. Bei Kindern kommen diese Arbeitseinsätze besonders gut an. Ältere Menschen, die sich beim Bücken schwertun oder auch Menschen mit Arthrose in den Händen können von dieser wichtigen Übung für „echte" Assistenzhunde profitieren.

# An Gegenständen ziehen lernen

Zerrspiele sind für viele Hunde ein großer Spaß. Ziehen ist Hunden also eigentlich angeboren. Es gibt jedoch auch Hunde, die nur sehr zögerlich mit dem Fang an Objekten ziehen. Häufig habe ich das bei Hütehunden, hier vor allem bei Collies und Shelties, beobachten können, denen das „feste Zupacken und Festhalten" ja weitestgehend abgezüchtet wurde.

## *So geht's los*

Diesmal verwenden wir das absolute Lieblingsspielzeug des Hundes. Wenn es ein Ball ist, sollte dieser idealerweise eine Schnur haben. Bieten Sie Ihrem Hund das Spielzeug an, es wird jedoch nicht geworfen, behalten Sie es in der Hand.

Zieht der Hund auch nur ein kleines bisschen an dem Spielzeug, weil er es haben möchte, können Sie ihn mit der Stimme loben. Belohnen Sie anfangs nur verbal und ohne Leckerchen, da der Hund lernen soll, länger an dem Gegenstand zu ziehen. Er soll ihn also für das Leckerchen nicht gleich wieder loslassen.

Ziehen Sie selbst bitte nicht zu fest oder ruckartig an dem Spielzeug. Bei empfindlichen Hunden kann es passieren, dass sie dann sofort loslassen. Halten Sie das Spielzeug einfach nur fest. Als Belohnung darf der Hund es am Ende der Übung haben.

Zieht der Hund zu heftig, lassen Sie das Spielzeug los. Er soll lernen, langsam und gleichmäßig zu ziehen. Ruckartiges heftiges Ziehen wird nicht stimmlich gelobt, sondern abgebrochen.

*Fängt Smilla an, zu heftig zu ziehen, geht ihr Frauchen nicht auf das Spiel ein, das sie beginnt. Smilla soll lernen, sanft und gleichmäßig an dem Spielzeug zu ziehen.*

Falls sich der Hund zu sehr in das Zerrspiel hineingesteigert hat, warten Sie, bis er sich beruhigt hat. Bieten Sie das Spielzeug erneut an und loben Sie mit einem ruhig gesprochenen Lobwort Ihren kleinen Helfer nur dann, wenn er sanft und langsam zieht.

## So geht's weiter

Ein „kurzer Zupfer" des Hundes am Spielzeug genügt uns im nächsten Schritt nicht mehr. Lassen Sie den Hund erst eine Weile am Gegenstand ziehen, bis Sie mit der Stimme loben. Ziehen Sie nicht ruckartig oder zu fest am Spielzeug, sondern geben Sie lieber etwas nach, sodass der Hund beim Ziehen langsam rückwärts gehen muss. Wenn Ihr Hund später Schubladen öffnen soll (siehe S. 140), zieht die Schublade ja auch nicht vom Hund zurück. Der Vierbeiner lernt so ebenfalls, nicht zu ruckartig zu ziehen.

Führen Sie das für die Tätigkeit gewählte Hörzeichen, naheliegend natürlich „Zieh", ein. Sie können es gerade bei zögerlichen Hunden getrost öfter wiederholen und so zum Anspornen gebrauchen.

## So wird's komplett

Tauschen Sie jetzt die Gegenstände, an denen der Hund ziehen soll, immer wieder aus. Verwenden Sie zum Beispiel ein kleines Wäschestück, eine dickere Schnur oder aussortierte Socken. Nimmt Ihr Hund Metall in den Fang, lassen Sie ihn sich zur Übung auch schon mal an einem Reißverschluss versuchen.

Ihr Hund sollte nun so lange an den angebotenen Gegenständen ziehen, solange Sie das etablierte Hörzeichen („Zieh") sagen.

*Smilla zieht nicht mehr so heftig am Spielzeug. Sie hat verstanden, dass es hier nicht um ein Zerrspiel geht. Frauchen zieht ebenfalls nicht ruckartig daran.*

## Wenn es nicht klappt

- Stellen Sie sicher, dass der Hund keine Zahnschmerzen hat.
- Ist das Spielzeug eventuell zu groß? Verwenden Sie ein kleineres.
- Möchte der Hund partout nicht an seinem Spielzeug zerren, können Sie mit einem alten Lappen oder einem ausrangierten Handtuch üben.
- Trainieren Sie nochmals das Kommando „Nimm es", um dem Hund zu bestätigen, dass es in Ordnung ist, etwas in den Fang zu nehmen.

# Auf Kommando loslassen

Ziehen müssen die meisten Hunde nicht wirklich lernen. Das Loslassen schon. Lernziel hierbei ist, das Ziehen auf Kommando sofort abzubrechen. Verwenden Sie dafür ein Abbruchwort, welches Ihr Hund schon kennt, zum Beispiel das häufig verwendete „Aus".

Wir verwenden für das Loslassen einfach unser Abbruchwort „Schluss". Das Wort „Schluss" kann man sehr eindrucksvoll aussprechen, es klingt nicht zu weich, aber auch nicht zu grob. Wir verwenden das Abbruchwort „Schluss" immer, wenn der Hund eine Tätigkeit abbrechen soll, egal welche.

## *So geht's los*

Bei dieser Übung verwenden wir keinesfalls das Lieblingsspielzeug des Hundes. Dieses würde ihn wohl eher noch aufputschen. Beginnen Sie die Übung mit alten Socken, einem kleinen alten Wäschestück oder einem Spielzeug, welches Ihr Hund weniger gern hat.

Starten Sie ein ganz kurzes Zerrspiel mit dem Hund. Es reicht im Prinzip, wenn er kurz an dem Gegenstand zupft. Schaukeln Sie den Hund anfangs keinesfalls zu lange hoch. Er soll mit seinem Kopf und seiner Konzentration bei Ihnen bleiben und nicht durch zu heftiges Zerren abschalten.

*Setzt Frauchen das gewählte Abbruchwort ein, lässt Smilla das Spielzeug sofort los. Vor allem, wenn Hunde mit Kindern arbeiten, ist das zuverlässige Loslassen wichtig.*

Der Hund soll auf das Abbruchwort das Ziehen augenblicklich einstellen und die Socken oder das Wäschestück sofort loslassen. Belohnen Sie das sofort mit einem Leckerchen. Lässt Ihre Fellnase nicht los, halten Sie das Spielzeug ganz ruhig, ziehen SIE nicht mehr dran und wenden Sie den Blick ab, sodass der Hund kein Feedback mehr von Ihnen bekommt. Sagen Sie nochmals das von Ihnen gewählte Abbruchwort und warten Sie, bis es Ihrem Hund schlicht und einfach zu langweilig wird und er das Spielzeug loslässt.

## *So geht's weiter*

Jetzt können wir schon etwas wilder werden. Das Zerrspiel kann etwas heftiger sein und länger dauern. Verwenden Sie das gewählte Hörzeichen, soll der Hund das Zerren umgehend einstellen.

Tauschen Sie die Objekte, an denen der Hund ziehen soll, aus. Nutzen Sie unterschiedliche Gegenstände aus verschiedenen Materialien. Je mehr Materialien der Hund am Anfang kennenlernt, desto sicherer wird er bei dieser Arbeit werden.

## *So wird's komplett*

Versuchen Sie es am Schluss des Trainings mit dem Lieblingsspielzeug Ihres Vierbeiners. Gibt er dieses sofort her, wenn Sie das gewählte Hörzeichen verwenden, haben Sie das Training erfolgreich abgeschlossen.

Lassen Sie sich nicht auf ein Zerrspiel ein. Zerrt der Vierbeiner weiter, lassen Sie das Spielzeug los und üben nochmals mit dem Objekt aus den vorherigen Übungen.

## *Wenn es nicht klappt*

- Stellen Sie sicher, dass der Hund keine Zahnschmerzen hat.
- Zerren Sie für den Anfang eventuell zu heftig? Werden Sie in Ihrer Aktion langsamer und ruhiger.
- Lässt der Hund partout nicht los? Behalten Sie das Objekt in der Hand, wenden Sie dem Hund jedoch den Rücken zu und zerren Sie keinesfalls weiter. Der Hund soll verstehen, dass das Spiel zu Ende ist.
- Arbeiten Sie länger an „So geht's los“. Für leidenschaftliche Zerr-Hunde ist das eine wirklich große Herausforderung.

# Schuhbänder aufziehen

Eine wirklich süße Übung, die optimal für kleinere Hunde geeignet ist. Diese Aufgabe erfordert vom Hund Feingefühl und Konzentrationsfähigkeit.

Beginnen Sie mit einem Schuhband, das Sie in der Hand halten. Machen Sie eine Schleife wie am Schuh und bieten Sie Ihrem Vierbeiner das Ende des Schuhbandes an. Das naheliegende Hörzeichen lautet „Schuhband – zieh". Das langsame Ziehen sollte Ihr kleiner Butler im Vorhinein gelernt haben.

Achten Sie von Anfang an darauf, dass der Hund nur am von Ihnen angebotenen richtigen Ende des Schuhbandes zieht. Zupft der Vierbeiner an der Schleife, brechen Sie die Übung bitte ab. Legen Sie stattdessen eine Einheit ein, die Ihr Hund gut beherrscht und die er gerne macht. Verschaffen Sie ihm damit ein Erfolgserlebnis und beginnen Sie die Übung an den Schuhbändern danach noch einmal.

## *So geht's los*

Hat der Hund verstanden, worum es geht, arbeiten Sie direkt am Schuh weiter. Für den Anfang können Sie ein altes Paar Schuhe mit einem alten Schuhband verwenden. Übermotivierte Hunde könnten dazu neigen, zu heftig am Schuhband zu ziehen.

Achten Sie darauf, dass Ihr Hund von Anfang an lernt, sauber das richtige Ende des Schuhbandes zu nehmen. Er soll weder an der Schlaufe noch an einer anderen Stelle des Bandes ziehen.

Geben Sie dem Hund genug Zeit herauszufinden, wo er ziehen soll. Helfen Sie am Anfang ein wenig mit, indem Sie ihm das Ende zeigen, an dem er ziehen soll.

*Manche Schuhbänder sind am Ende mit Plastik ummantelt. Daran müssen sich manche Hunde erst gewöhnen, deshalb sollte vor der echten Dienstleistung ein Gewöhnungstraining gemacht werden.*

## *So geht's weiter*

Arbeitet Ihr Vierbeiner an den Übungsschuhen, ohne dabei wahllos überall zu ziehen, trainieren Sie an den Schuhen weiter, die er in Zukunft öffnen soll. Reduzieren Sie die Hilfen, er soll immer mehr selbst überlegen, wann sich das Ziehen lohnt.

Belohnen Sie ausschließlich, wenn der Hund nicht hektisch arbeitet. Temperamentvolle, verspielte Hunde könnten dazu neigen, ein Zerrspiel zu beginnen.

*Das macht nicht nur den Hunden Spaß, auch Kinder haben Freude an der Zusammenarbeit mit dem Hund. Bei Kindern ist besondere Vorsicht vom Hund gefragt. Smilla macht das perfekt!*

## *So wird's komplett*

Tauschen Sie die Schuhe aus und verwenden Sie unterschiedliche Schuhbänder. Nicht alle Schuhe haben die gleichen Bänder, deshalb sollte Ihr Vierbeiner von Anfang an die unterschiedlichsten Band-Arten kennen lernen.

Verändern Sie Ihre Position, mal stehen Sie, mal sitzen Sie. So lernt Ihr Hund von Anfang an Schuhbänder aufzuziehen, egal, in welcher Stellung Sie sich befinden.

## *Wenn es nicht klappt*

- Ist Ihr Hund eventuell zu aufgeregt? Machen Sie vor dem Schuhbandtraining ein paar ruhige Übungen mit ihm, die er gut beherrscht.
- Agiert der Hund möglicherweise übermotiviert? Auch hier helfen ein paar Tricks oder Dog Dance-Übungen, bevor Sie ihn an die Schuhbänder heranführen.
- Ist der Hund vielleicht frustriert, weil er nicht herausfindet, an welchem Ende er ziehen soll? Arbeiten Sie etwas länger mit einem Schuhband in der Hand, bis Sie den Eindruck haben, er hat es verstanden.
- Verschaffen Sie vor allem größeren Hunden zwischendurch Erfolge. Sie müssen den gezielten Umgang bei kleinen Gegenständen mit dem Fang meist erst lernen.

## *Kurz vorgestellt – Der LPF- oder Mobilitätsassistenzhund*

**Aufgaben**

LPF- (Lebenspraktische Fähigkeiten) oder auch Mobilitätsassistenzhunde helfen Menschen, die durch Geh- und Bewegungseinschränkungen in ihrer Mobilität eingegrenzt sind. Sie unterstützen Menschen, die im Rollstuhl sitzen oder auf eine Gehhilfe angewiesen sind. Auch motorisch Gehandicapte, die sich beim Greifen von vor allem kleinen Gegenständen schwertun, können von LPF-Hunden unterstützt werden. Patienten mit Parkinson oder MS (Multiple Sklerose) können mit Hilfe von LPF-Hunden wieder deutlich an Lebensqualität gewinnen.

Die ersten LPF-Hunde gab es schon in den 1970er Jahren in den USA. In Deutschland wurden die ersten Mobilitätsassistenzhunde in den 1980er Jahren ausgebildet. Diese Helfer stehen Erwachsenen und auch Kindern zur Seite.

**Ausbildung**

Im Prinzip gibt es keine Einschränkungen bei der Auswahl der Hunderasse, jeder Hund kann zum LPF-Hund ausgebildet werden. Es gibt kein zertifiziertes Regelwerk zur Ausbildung.

Selbstverständlich müssen die individuellen Bedürfnisse des Menschen beachtet werden. Für einen großen, gehbehinderten Menschen, dem der Hund zum Beispiel beim Aufstehen oder Treppensteigen helfen soll, ist der Papillon natürlich nicht geeignet. Als Helfer für Kinder, um ihnen zum Beispiel beim An- und Ausziehen zu helfen, lassen sich kleine Rassen jedoch perfekt einsetzen.

# Klettverschlüsse aufziehen

Das ist ebenfalls eine leicht zu bewältigende Aufgabe für kleine Hunde. Gerade Kinder tragen häufig Kleidung und Schuhe mit Klettverschlüssen. Umso praktischer, dass diese Übung auch von kleinen Hunden gut zu meistern ist.

Idealerweise lernt der Hund Klettverschlüsse schon beim Training „Gewöhnung an unterschiedliche Materialien" kennen.

Wir beginnen, indem wir die Klettverschlüsse in der Hand halten. Entweder trennen Sie diese von einem alten Paar Schuhe ab oder verwenden gleich das ganze Paar alte Schuhe. Als Hörzeichen könnten Sie zum Beispiel „Klett – zieh" verwenden.

Nimmt der Hund die Klettverschlüsse nur zögerlich in den Fang, belohnen Sie schon die kleinste Berührung damit. Für manche Hunde könnte sich das Klett-Material unangenehm anfühlen. Gewöhnen Sie den Hund langsam daran. Im Laufe des Trainings warten Sie immer länger, bevor Sie loben und belohnen, sodass die Zeitspanne, die der Hund den Klettverschluss festhält, langsam immer länger wird.

## *So geht's los*

Grundsätzlich sind die Lernschritte ähnlich wie beim Öffnen der Schuhbänder. Bei den Klettverschlüssen muss der Hund jedoch eine andere Position zu Ihnen einnehmen. Beim Öffnen der Schuhbänder ist der Hund vor Ihnen. Um Klettverschlüsse zu öffnen, muss er sich seitlich von Ihnen positionieren.
Um diese seitliche Position zu trainieren, können Sie dem Hund helfen, indem Sie vor einer Wand oder Treppenstufe arbeiten. Berühren Sie mit der Fußspitze die Wand, sodass es für den Hund gar keine Möglichkeit gibt, sich vor Sie zu stellen. Sie arbeiten noch immer mit den Übungsschuhen.

Nimmt Ihr Vierbeiner nach Verwenden des gewählten Hörzeichens die Klettverschlüsse in den Fang, wird er sofort belohnt. Er braucht sie noch gar nicht perfekt zu öffnen.

*Vorsichtig sucht Smilla eine Möglichkeit, den Klettverschluss ins Mäulchen zu nehmen. Sie beißt nicht einfach von oben in den Schuh oder den Fuß.*

## So geht's weiter

Jetzt werden die Schuhe ausgetauscht. Trainieren Sie auch an Schuhen, die mehrere Klettverschlüsse haben. Gehen Sie vor wie beim „Schuhbänderöffnen".

Belohnen Sie ausschließlich, wenn der Hund nicht hektisch arbeitet.

Beginnt der Hund ein „Zerrspiel", unterbinden Sie dieses bitte sofort und konsequent. Entziehen Sie dem Hund den Schuh oder halten Sie Ihre Hand über die Klettverschlüsse, sodass der Vierbeiner nicht mehr an diese herankommt.

## So wird's komplett

Verändern Sie wieder Ihre Position, mal stehend und mal sitzend. Auch die Hilfe, indem Sie an der Wand oder Treppenstufe stehen, sollte nun abgebaut werden. Positionieren Sie den Hund jetzt im freien Raum neben sich. Tauschen Sie die Schuhe aus, arbeiten Sie mit unterschiedlichen Schuhen.

*Klettverschluss geknackt. Langsam und gleichmäßig zieht Smilla den Verschluss zur Seite weg. Sie macht kein Zerrspiel aus ihrer Arbeit, Schuh und Kind bleiben heile.*

## Wenn es nicht klappt

- Im Großen und Ganzen können Sie hier die Tipps vom „Schuhbänderöffnen" anwenden.
- Falls Ihr Hund die Klettverschlüsse nur sehr zögerlich in den Fang nimmt, arbeiten Sie länger am Punkt „Gewöhnung an Klettverschlüsse".

# Handschuhe ausziehen

Bevor wir an das Sockenausziehen gehen, üben wir mit Handschuhen. Dabei kann dem Hund leichter Vorsicht und sanftes Arbeiten vermittelt werden. Wir wollen ja unsere Finger- und Zehenspitzen behalten.

Sie beginnen idealerweise mit zwei Paar alten Handschuhen aus unterschiedlichen Materialien. Die Hörzeichen „Zieh" und „Schluss" sollte der Hund bereits gelernt haben.

## So geht's los

Positionieren Sie den Hund gerade vor sich, er soll die Handschuhe in gerader Linie nach hinten wegziehen. Ziehen Sie die Handschuhe nur halb über die Hand. Naheliegende Hörzeichen sind „Handschuh" und „Zieh". Achten Sie von Anfang an darauf, dass der Hund, wenn er Ihnen den Handschuh von der Hand gezogen hat, nicht damit spielt oder davonläuft. Er soll gleich zu Beginn der Übung lernen, den Handschuh ruhig und zielgerichtet in Ihre Hand zu geben.

Fällt der Handschuh zu Boden, heben Sie diesen kommentarlos auf, ziehen ihn wieder halb über die Hand und beginnen die Übung von vorne. Erst wenn Ihr kleiner Helfer den Handschuh vorsichtig von der Hand gezogen und Ihnen in die Hand gegeben hat, bekommt er seine Belohnung.

*Vorsichtig tastet sich Clooney an die Hand des Kindes heran. Hunde verfügen über einen ausgeprägten Tastsinn an der Schnauze, den sie auch einsetzen, wenn es gelernt wurde.*

## So geht's weiter

Ziehen Sie den Handschuh immer weiter über die Hand. Halten Sie den Hund konsequent dazu an, langsam und vorsichtig zu arbeiten. Falls Sie vorhaben, dass Ihr vierbeiniger Helfer auch Kindern Handschuhe und Socken ausziehen soll, ist dies unabdingbar.

Wird der Hund hektisch und unvorsichtig, machen Sie eine Pause oder eine andere Übung, die ihm ein Erfolgserlebnis verschafft. Möchte sich der Hund mit dem Handschuh aus dem Staub machen oder beginnt damit zu spielen, sollten Sie ebenfalls eine Pause machen und erst weiter üben, wenn sich der Hund beruhigt hat.

*Und schon hat es geklappt: Ohne die Finger des Kindes zu verletzen, hat der vorsichtige Beaglerüde Clooney den Handschuh ausgezogen.*

## So wird's komplett

Ziehen Sie die Handschuhe nun komplett über die Hand. Ihr Vierbeiner muss nun immer länger daran ziehen und passt gut auf, dass er die Finger nicht grob berührt.

Je nach Temperament des Hundes kann das Üben mit dünnen Handschuhen etwas länger dauern. Bestehen Sie darauf, dass Ihr Vierbeiner besonders vorsichtig arbeitet.

## Wenn es nicht klappt

- Ist der Hund eventuell zu aufgeregt? Machen Sie eine andere Übung mit ihm.
- Ist der Hund möglicherweise zu grob? Üben Sie länger mit nur halb über die Hand gezogenem Handschuh, bis Sie feststellen, dass der Hund vorsichtiger wird.
- Läuft der Hund mit dem Handschuh weg? Versuchen Sie die Übung nach einem Spaziergang, wenn er ruhiger ist.
- Spielt der Hund mit dem Handschuh? Machen Sie eine ruhige Übung, um ihn so zu beruhigen.

# Socken ausziehen

Dies ist eindeutig eine der Lieblingsübungen meiner Hunde. In ihrer Begeisterung werden sie manchmal etwas unvorsichtig. Deshalb sollte auch beim Sockenausziehen unbedingt große Aufmerksamkeit auf vorsichtiges, ruhiges Arbeiten gelegt werden.

Sie beginnen wieder mit einem alten, aussortierten Paar Socken, um Beschädigungen an intakten Socken zu vermeiden. Übermotivierte Hunde ziehen anfangs häufig zu eifrig.

## *So geht's los*

Wie bei den Handschuhen ziehen Sie die Socken am Anfang nicht ganz über den Fuß. Positionieren Sie den Hund wieder vor sich, er soll die Socken gerade nach hinten wegziehen. Verwenden Sie bitte Socken, die nicht zu feste sitzen. Ihr Vierbeiner muss auch hier erst lernen, Ihre Zehen zu verschonen.

*Wieder befühlt Clooney mit seiner gefühlsempfindlichen Hundenase den Fuß des Kindes. Er hat gelernt, besonders sanft zu sein, wenn er Dienstleistungen an Kindern ausführt.*

Der Ablauf der Übung ist mit der Übung „Handschuheausziehen“ identisch. Naheliegende Hörzeichen sind „Socke“ und „Zieh“.

Bestehen Sie von Anfang an darauf, dass Ihnen der Hund die Socke ruhig in die Hand gibt. Er soll nicht damit spielen oder damit weglaufen. Fällt die Socke zu Boden, heben Sie diese kommentarlos auf und starten von neuem.

Wird Ihr kleiner Butler grob und knabbert an den Zehen, verwenden Sie dickere Socken für die Anfangsübung. Brechen Sie sofort ab, wenn der Hund die Zehen zu heftig berührt. Machen Sie entweder eine Übung, die den Hund beruhigt, oder starten Sie das Training am nächsten Tag erneut.

## *So geht's weiter*

Ziehen Sie die Socken immer weiter über den Fuß. Sparen Sie die Ferse noch aus. Noch üben Sie mit einem Paar Socken, welches nicht zu fest sitzt.

Wenn Sie den Eindruck bekommen, der kleine Haushaltshelfer weiß, um was es geht, tauschen Sie die Socken gegen ein Paar enger anliegende aus. Achten Sie weiter darauf, dass der Hund vorsichtig arbeitet.

*Langsam und gleichmäßig befreit Clooney den Kinderfuß von der Socke. Offensichtlich haben hier beide, Hund und Kind, großen Spaß am Training und der Arbeit.*

## *So wird's komplett*

Variieren Sie wieder Ihre Position, mal stehend und mal sitzend und tauschen Sie die Socken aus. Verwenden Sie dünne Socken, gilt das gleiche wie bei den Handschuhen. Sie bestehen auf besonders vorsichtigem Arbeiten des Hundes. Verhält sich der Vierbeiner etwas übermotiviert, hat es sich bewährt, ihn zwischendurch in eine Ruheposition, also „Sitz" oder „Platz" zu dirigieren. So kann er sich beruhigen und Sie können die Übung mit einem entspannteren Hund fortsetzen.

## *Wenn es nicht klappt*

- Zieht der Hund die Socken zu seitlich weg? Positionieren Sie den Hund vor sich und belohnen Sie ihn für eine saubere „Front"-Position. Stellen Sie sich eventuell an eine Wand, sodass der Hund gerade zurückgehen muss.
- Sie können die Tipps von der Übung „Handschuhe ausziehen" anwenden.

# Reißverschluss aufziehen

Hierbei handelt es sich um eine etwas schwierigere Übung, da der Hund lernen muss, den Reißverschluss nach unten aufzuziehen. Das Abziehen nach hinten hat Ihr Auskleide-Helfer schon beim Handschuhe- und Sockenausziehen gelernt. Beim Reißverschluss bedarf es wieder etwas Denkarbeit von Ihrer Fellnase, bis er das Herunterziehen versteht.

Verwenden Sie eine Jacke mit einem stabilen Reißverschluss, die Sie zu Übungszwecken entbehren können.

## *So geht's los*

„Reißverschluss" ist mir als Hörzeichen etwas zu lang, weshalb wir das englische „Zip" verwenden. Beginnen Sie dieses Training sitzend. Der Reißverschluss der Jacke ist so weit hochgezogen, dass er für den Hund noch leicht erreichbar ist.

Positionieren Sie den Hund gerade vor sich. Ihr neuer Kleider-Diener muss von Anfang an lernen, dass er nicht seitlich wegziehen darf. Der erste Lernschritt für den Hund ist das „Nach unten ziehen".

Wir verwenden, wie bei allen anderen Kleiderdiensten, die Wortkombination aus dem Gegenstand und der zu erfolgenden Aktion, hier also „Zip" und „Zieh". Um dem Hund am Anfang zu helfen, können Sie eine Aufziehhilfe verwenden, zum Beispiel ein Bändchen, welches am Reißverschluss befestigt ist.

Nimmt der Hund den Reißverschluss in den Fang, erheben Sie sich langsam und gleichmäßig ein wenig aus der Sitzposition. Nur ganz wenig, wir wollen dem Hund nur ansatzweise etwas helfen. Wenn Sie aufstehen, öffnet sich der Reißverschluss automatisch ein kleines Stück und Ihr Hund nimmt ein „Nach unten ziehen" wahr.

*Frauchen hilft Eliza am Anfang und macht sie auf die Aufziehhilfe aufmerksam. Die Jacke ist so weit geschlossen, dass der Hund automatisch nach unten ziehen muss.*

## So geht's weiter

Noch sitzen Sie beim Training. Der Reißverschluss wird im weiteren Verlauf immer weiter geschlossen. Ihr Hund muss also immer höher nach oben greifen. Achten Sie jetzt entschieden darauf, dass der Hund nicht ruckartig am Reißverschluss zieht. Unterbrechen Sie ruckartiges Ziehen sofort und beginnen Sie von neuem.

Haben Sie den Eindruck, Ihr Hund hat verstanden, um was es geht, versuchen Sie die Übung immer öfter im Stehen durchzuführen.

*Sehr schnell hat Eliza verstanden, den Reißverschluss nach unten aufzuziehen. Sie zieht nicht nach hinten oder seitlich weg.*

## So wird's komplett

Ihre neue Auskleidehilfe sollte verstanden haben, dass sie langsam und gleichmäßig am Reißverschluss ziehen muss. Die Bewegung „Nach unten ziehen" sollte jetzt gefestigt sein. Bisher sollte Ihr Hund ja entweder nach hinten (Socken, Handschuhe) oder seitlich (Klettverschlüsse) ziehen. Geben Sie Ihrem Kleider-Diener also genug Zeit zu verstehen, dass es bei dieser Dienstleistung darum geht, nach unten zu ziehen.

## Wenn es nicht klappt

- Zieht der Hund zu seitlich weg? Positionieren Sie den Hund vor sich und belohnen Sie ihn für eine saubere Front-Position.
- Greift Ihr Hund nicht nach dem Metall- oder Plastik-Reißverschluss, üben Sie nochmals die Gewöhnung an unterschiedliche Materialien.

# Signalhunde

Ein Signalhund hat gelernt, seinem Besitzer ein optisches oder akustisches Signal (das dieser eventuell selbst nicht wahrnehmen kann) anzuzeigen. Seit wann Signalhunde gezielt eingesetzt werden, steht nicht fest. Es dürfte sich jedoch um ein recht junges Einsatzfeld der Hunde handeln. Dass Hunde akustische und optische Signale lernen können, ist jedoch schon lange bekannt.

# Akustische Signale trainieren

Die sogenannten „Metro-Dogs", die U-Bahn fahrenden Straßenhunde in Moskau, beweisen eindrucksvoll, dass Hunde Worte und akustische Signale lernen, sich einprägen und bewusst abrufen können. Diese herrenlosen Hunde fahren gezielt immer wieder bestimmte Stationen an, an denen sie ein- oder aussteigen. Man vermutet, dass sie sich dabei an den Lautsprecheransagen der Stationsnamen orientieren.

Ein Wort ist nichts anderes als ein akustisches Signal. Soll sich unser Hund hinsetzen, verwenden wir das Hörzeichen „Sitz" als akustisches Signal. An Schafen arbeitende Border Collies lernen aufgrund unterschiedlicher Pfeifsignale Handlungen auszuführen. Der Gehörlosenbegleithund wird darauf trainiert, auf ein bestimmtes akustisches Signal hin (praktisches Beispiel: Türklingel) den Halter auf etwas aufmerksam zu machen.

Welches Geräusch verwendet wird, ist völlig egal, der Kreativität sind hier keine Grenzen gesetzt. Sie können einen Klingelton, eine Glocke, das Fingerschnippen oder ein ganz individuelles akustisches Signal konditionieren. Nehmen Sie sich für dieses Training etwas mehr Zeit, üben Sie am Anfang an einem ruhigen, reizarmen Ort.

Hunde sind dazu in der Lage, mehrere akustische Signale unterschiedlichen Aktionen oder Gegenständen zuzuordnen. Am einfachsten können Sie sich das an den akustischen Signalen der Grundkommandos veranschaulichen. Sagen Sie „Sitz", setzt sich der Hund, sagen Sie „Platz", legt er sich hin. Genauso kann der Hund lernen, seinen Besitzer durch eine vorher gewählte Form der Anzeige (z. B. Anstupsen oder Bellen) aufmerksam zu machen, wenn er ein bestimmtes akustisches Signal hört.

## *So geht's los*

Beim Training auf akustische Signale sollte meiner Erfahrung nach unbedingt auf den Clicker verzichtet werden. Der Hund soll sich ausschließlich auf das von Ihnen gewählte akustische Signal konzentrieren können. Verzichten Sie auch weitestgehend auf Handzeichen. Lassen Sie Ihren Hund selbst nachdenken.

Wählen Sie ein akustisches Signal, auf welches Ihr Hund eine Reaktion, zum Beispiel ein Anstupsen mit der Nase, zeigen soll. Legen Sie die Reaktion individuell vorher fest. Dieses Training beginnt genau wie das Trainieren auf die klassischen Hörzeichen. Sobald Ihr Hund die gewünschte Reaktion auf das gewählte akustische Signal zeigt, wird er belohnt.

Die Wunsch-Reaktion, die zum Beispiel der Sheltierüde Onyx in den folgenden Bildern zeigt, können Sie mit folgenden Schritten erreichen: Legen Sie die Packung Taschentücher direkt neben dem Hund auf einen Stuhl oder einen kleinen Tisch, sodass Ihr Vierbeiner die Packung gut sehen kann. Betätigen Sie die Glocke und warten Sie vorerst einmal ab, ob der Hund von alleine auf die Idee kommt, dass es um die Taschentuchpackung geht. Gibt es so gar keine eigene Idee vom Hund, versuchen Sie ihn mit einem Blick von Ihnen Richtung Packung auf den Gedanken zu bringen, um was es geht. Hunde beobachten uns Menschen sehr genau, so ein „Hinweis-Blick" sollte als Hilfe genügen.

*Das akustische Signal für Onyx ist hier eine Rezeptionsglocke. Wenn Frauchen die Glocke betätigt, soll Onyx ihr die altbekannte Taschentuchpackung bringen.*

## *So geht's weiter*

Ändern Sie die Räume, Orte und Situationen, in denen Sie dem Hund das Signal zu Gehör bringen. So lernt der Hund von Anfang an, dass dieses akustische Signal an jedem Ort immer das gleiche bedeutet.

Haben Sie Ihrem Vierbeiner bisher mit einem Blick auf die Packung geholfen, bauen Sie diese Hilfe nun wieder ab. Betätigen Sie die Glocke und blicken Sie erst mal nicht in Richtung Taschentücher. Der schlaue kleine Helfer sollte verstanden haben, was Sie nach dem Klingeln von ihm erwarten. Geben Sie ihm genug Zeit, darüber nachzudenken, was zu tun ist. Holt der Hund nach dem dritten Mal klingeln (zwischen dem Klingeln mindestens 10 Sekunden Abstand) die Packung noch immer nicht, unterstützen Sie ihn doch wieder mit einem helfenden Blick.

## *So wird's komplett*

Der Hund zeigt ohne Zögern die von Ihnen festgelegte Reaktion. Sobald die Glocke oder das individuell von Ihnen gewählte akustische Signal ertönt, bringt der kleine Servicemitarbeiter den Gegenstand, der er mit dem Ton verknüpft hat. Natürlich ist jeder Ton immer mit dem gleichen Gegenstand verknüpft. Glocke heißt also zum Beispiel immer Taschentücherverpackung, Fingerschnippen heißt immer Hausschuhe.

Jetzt sollte es immer schneller auch ohne den „Hilfs-Blick“ funktionieren.

*Schnell hat der clevere Sheltierüde verstanden, um was es geht. Immer, wenn Frauchen klingelt, braucht sie ihren Taschentuch-Servicehund.*

# Auf optische Signale trainieren

Sie verwenden sicher schon optische Signale bei Ihrem Hund. Ein Handzeichen zum Beispiel ist für den Hund nichts anderes als ein optisches Signal. Für das Hinsetzen den nach oben ausgestreckten Zeigefinger, für das Hinlegen die flache, mit der Handfläche nach unten zeigende Hand.

Ich sage immer gerne, Hütehunde sind „Augenhunde". Diese Rassen orientieren sich weniger über die Nase und die Ohren, sondern beobachten ihre Umgebung ganz genau mit den Augen. Hütehunde sollen die Herden auch optisch beobachten und überwachen.

Vielleicht haben Sie zu Hause auch eine bestimmte Decke etabliert, auf die sich der Hund legen soll, wenn zum Beispiel Besuch kommt. Dann ist die Decke ebenfalls ein optisches Ziel, welches der Hund mit dem Hinlegen verknüpft hat, sodass Sie das Hörzeichen „Platz" wahrscheinlich gar nicht mehr verwenden müssen, da der Hund sich bereits von alleine hinlegt, sobald er auf die Decke geht.

Hunde können optische Signale – genau wie akustische Signale – einer ganz bestimmten und dann immer gleichen Aktion zuordnen. Ein gutes Beispiel sind hier Blindenführhunde, die Bordsteine, Zebrastreifen oder Briefkästen zuverlässig erkennen und anzeigen müssen.

Genau wie die im Alltag häufig verwendeten Fingerzeichen können auch alle anderen optischen Signale trainiert werden, wie zum Beispiel das Aufleuchten des Displays beim Handy oder ein blinkendes Lichtsignal an Backöfen.

## *So geht's los*

Wählen Sie ein optisches Signal, das der Hund Ihnen anzeigen soll und wählen Sie eine Form der Anzeige. Ein Beispiel hierfür könnte sein, dass der Hund zu Ihnen gelaufen kommt und Sie mit der Pfote anstupst, wenn das Display Ihres auf stumm geschalteten Handys leuchtet.

*Bei Onyx wurde als optisches Signal eine Taschenlampe eingeführt. Natürlich handelt es sich hier nicht unbedingt um eine tägliche Haushaltstätigkeit. Die Zusammenarbeit mit Frauchen und das „Gehirn-Jogging" bringt dem Hund dennoch viel.*

Denken Sie an die Handzeichen, die Ihr Hund ja auch schnell gelernt hat. Genauso beginnt das Anzeigetraining auf optische Signale. Zeigen Sie dem Hund das gewählte Zeichen und warten Sie auch hier ab, was Ihnen der Hund anbietet. Er wird mit Sicherheit einiges ausprobieren, um an seine Belohnung zu kommen. Zeigt er die Reaktion, die Sie sich gewünscht haben, wird er belohnt.

## So geht's weiter

Wie beim Training „Akustische Signale" wechseln Sie Räume und Orte und kreieren immer neue Situationen. Der Hund soll lernen, dass das präsentierte Signal immer das gleiche bedeutet.

## So wird's komplett

Der Hund zeigt ohne Zögern die von Ihnen festgelegte Reaktion. Wie beim Training auf akustische Signale soll der Hund auf ein von Ihnen bestimmtes optisches Signal immer die gleiche Reaktion zeigen. Eine Taschenlampe auf Dauerleuchten bedeutet also zum Beispiel immer, das Knie mit der Nase anzustupsen.

*Durch Ausprobieren hat Sheltierüde Onyx gelernt, dass das Licht der Taschenlampe bedeutet, dass er das rechte Knie von Frauchen mit der Nase anstupsen soll.*

## *Der Gehörlosenbegleithund*

*Bei der Ausbildung meiner Hunde berücksichtige ich jeweils deren angeborene Talente. Bei Onyx hat sich herausgestellt, dass er ein wunderbarer Gehörlosenbegleithund wäre.*

Dieser Signalhund zeigt das Klingeln des Telefons, der Haustürklingel oder des Weckers an. Er weist zuverlässig auf das Geräusch hin, indem er die Aufmerksamkeit seines Besitzers, zum Beispiel durch Anstupsen oder Anspringen, auf sich lenkt und ihn zur Geräuschquelle führt.

Eine weitere Aufgabe ist, den Besitzer darauf aufmerksam zu machen, wenn er mit Namen angesprochen wird oder ihm etwas unbemerkt auf den Boden fällt.

Im Straßenverkehr weist der Gehörlosenbegleithund auf Sirenen, Radfahrer oder Autos hin und meldet diese, wenn sie von hinten kommen.

Bevorzugt werden hier meist kleinere, leichte Rassen, da diese Hunde den Besitzer aktiv „körperlich angehen“ müssen. Im Prinzip kann jedoch jede Rasse zum Gehörlosenbegleithund ausgebildet werden.

Ein Gehörlosenbegleithund lernt nicht die geläufigen Hörzeichen wie zum Beispiel „Sitz“ und „Platz“. Vorwiegend wird er auf Sichtzeichen, Handzeichen und Körperhaltung des Besitzers konditioniert. Für den Fall, dass doch Hörzeichen eingesetzt werden, werden hierfür Fremdsprachen oder besondere Bezeichnungen verwendet, damit ausschließlich der Besitzer dem Hund Kommandos geben kann.

Signalhunde werden individuell an die Bedürfnisse des Besitzers angepasst und ausgebildet. Einheitliche Standards gibt es nicht.

# He Frauchen, Telefon!

Nach dem gleichen Prinzip können Sie Ihrem Hund auch beibringen, seine Pfote auf Ihren Fuß zu stellen, wenn Ihr Handy (im Nebenraum) klingelt und Sie es vielleicht nicht gehört haben, er aber schon. Oder wenn das Display des stumm geschalteten Handys aufleuchtet. Ganz schön praktisch, oder?

Es ist dabei egal, auf welchen Ihrer Füße der Hund seiner Aufgabe „Pfote auf den Fuß" nachkommt. Welches Signal Sie bei Ihrem Hund antrainieren, bleibt Ihnen überlassen.

## *So geht's los*

Das akustische Signal ist in diesem Fall der Klingelton Ihres Handys. Überlegen Sie sich eine Handlung, die der Hund ausführen soll, wenn er den Klingelton hört, zum Beispiel die Pfote auf Ihren Fuß stellen. Auf diese Aktion sind Hunde relativ leicht zu konditionieren, da sie das in der Regel von alleine machen, zum Beispiel, um Aufmerksamkeit zu bekommen.

Sie sitzen zu Beginn des Trainings, das Handy liegt neben Ihnen. Idealerweise steht Ihr Hund vor Ihnen. Lassen Sie nun das Handy klingeln, indem Sie sich zum Beispiel von einem Übungspartner anrufen lassen oder mit einem anderen Gerät selbst anrufen.

*Geben Sie Ihrem neuen Tonspezialisten einen kleinen Tipp, indem Sie Ihren Fuß nah zu ihm platzieren. So lernt er schneller was erwünscht ist.*

Wenn Ihr Handy klingelt, warten Sie getrost einmal ab, was Ihnen der Hund von alleine anbietet. Als kleine Unterstützung können Sie Ihren Hund mit einem ganz kleinen Auftippen mit dem Fuß auf den Boden helfen. Er wird sicherlich erst mal einiges ausprobieren und ganz bestimmt irgendwann die Pfote ins Spiel bringen. Dieses wird sofort belohnt. Beenden Sie nun diesen ersten Selbst-Anruf.

Wiederholen Sie diese Übung maximal noch zwei oder drei Mal. Diese Arbeit ist selbst für trainierte Hunde enorm anstrengend. Machen Sie eine längere Pause, besser noch, versuchen Sie es am nächsten Tag erneut.

Setzen Sie die Übung so lange fort, bis Sie den Eindruck haben, dass Ihr Hund verstanden hat, um was es geht.

## *So geht's weiter*

Ihr Vierbeiner ist jetzt so weit, dass er bei jedem Klingeln Ihres Handys zuverlässig die Pfote auf Ihren Fuß stellt. Noch sitzen Sie und das Handy liegt neben Ihnen.

Im nächsten Schritt bauen Sie die Distanz auf, indem Sie aufstehen, neben dem Handy stehen bleiben, diesem jedoch den Rücken zuwenden. Ihr neuer „Signalhund" soll Sie später auf das Klingeln hinweisen, auch wenn das Handy nicht neben Ihnen liegt.

*Klingelt das Handy, stellt Onyx seine Pfoten auf Frauchens rechten Fuß und sagt ihr so: „Telefon!"*

Wenn der Hund das Stadium erreicht hat, dass er zuverlässig seine Pfote auf Ihren Fuß legt, entfernen Sie sich Schritt für Schritt vom Handy. Gehen Sie nicht zu schnell vor. Trainieren Sie diese Übung über mehrere Tage und sichern Sie das Gelernte ab, indem Sie sie mal näher am Handy stehend durchführen und mal weiter weg stehend.

## *So wird's komplett*

Inzwischen „pfötelt" der Hund zuverlässig auch über größere Distanzen, solange Sie im gleichen Raum sind. Verlassen Sie jetzt den Raum, in dem das Handy liegt. Kommt der Hund beim Klingeln verlässlich zu Ihrem Fuß, sollte das Training abgeschlossen sein.

Wenn Sie möchten, können Sie dem Hund zusätzlich antrainieren, zu Ihrem Fuß zu kommen, wenn das Handy in Ihrer Tasche klingelt. Führen Sie die Übung dazu mit einem in einer Tasche verstauten Handy durch, indem Sie diese am Anfang wieder direkt neben sich platzieren, während der Hund vor Ihnen steht.

Starten Sie wieder die „Selbst-Anrufe" oder lassen Sie sich anrufen. Da Ihr Hund schon verstanden hat, um was es geht, sollte er schnell verstehen, dass er auch dann die Pfote auf den Fuß setzen kann, wenn er das Handy nicht sieht.

Die Distanz bauen Sie genauso auf wie mit dem Handy ohne Tasche. Die Tasche wandert langsam immer weiter von Ihnen weg.

## *Wenn es nicht klappt*

- Hat Ihr Hund eventuell Angst vor dem Klingelton? Stellen Sie gegebenenfalls einen anderen ein.
- Versteht der Hund nicht, was er tun soll? Trainieren Sie das klingelnde Handy in der Tasche separat, helfen Sie dem Hund am Anfang mit Handzeichen, geben Sie einen kleinen Fingerzeig auf das Handy oder die Tasche.
- Möchten Sie den Hund dahingehend ausbilden, dass er die Pfote auf den Fuß stellt, wenn das Display leuchtet, also auf ein optisches Signal, gehen Sie vor wie beim Training am Backofen (siehe S. 129).

# Etwas auf Fingerschnippen bringen

Eine sehr praktische Übung, die sehr viel Eindruck macht, wenn Besuch kommt. Stellen Sie sich vor, Ihr Hund bringt sogar jedem Besucher die Gästehausschuhe. Selbstverständlich ist das „Etwas auf Fingerschnippen hinbringen“ nicht auf Hausschuhe beschränkt, es können auch andere Gegenstände zum Beispiel sein Halsband oder die Leine sein. Ein wunderbarer Nebeneffekt dieser Übung ist, dass Ihr Hund etwas zu tun bekommt und so nicht nur aufgeregt um den Besuch herum hüpft.

## *So geht's los*

Grundsätzlich läuft das erste Training auf Schnippen und Hausschuhe ähnlich ab wie beim Klingeln des Telefons.

Die Hausschuhe stehen neben Ihnen, der Hund vor Ihnen. Schnippen Sie mit den Fingern und warten Sie einfach einmal ab, was der Hund macht. Wendet er sich den Hausschuhen zu, bestärken Sie ihn mit einem kleinen Fingerzeig darin, dass er richtig liegt. Falls Ihr kleiner Helfer die Hausschuhe jetzt auch noch aufhebt und Ihnen gibt, gibt es eine ausgiebige Belohnung für ihn. Die Hausschuhe stehen so nah beim Hund, dass er ganz leicht darauf kommen kann, dass es sich beim Fingerschnippen um die Hausschuhe dreht. Notfalls stehen die Hausschuhe direkt vor dem Hund, so sollte er sofort eine Verbindung zwischen Schnippen und Hausschuhen herstellen können.

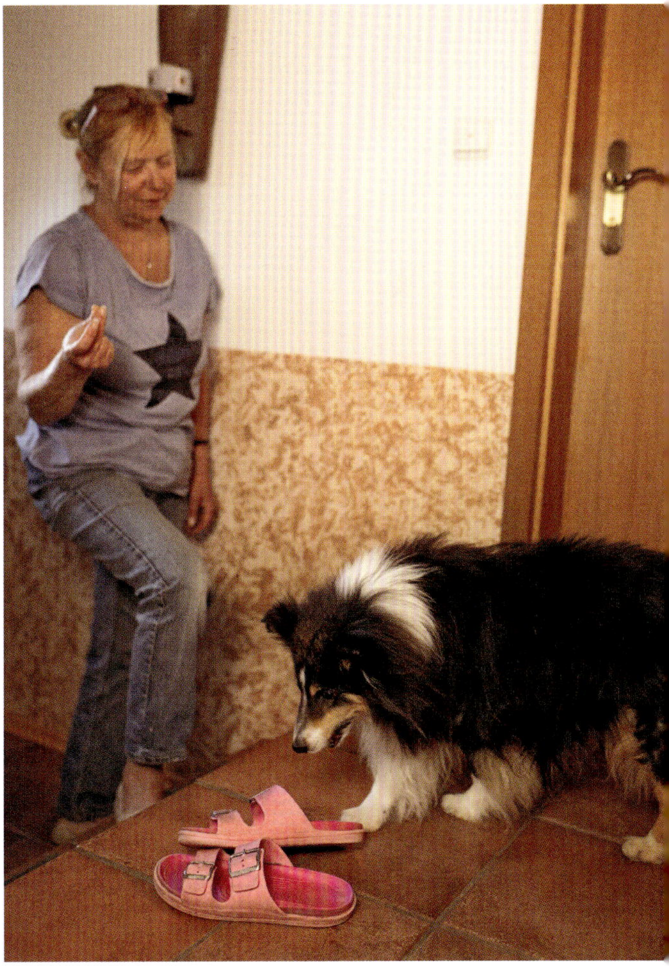

*Schnippt Frauchen mit den Fingern, wendet sich Onyx den nah bei ihm stehenden Hausschuhen zu. Noch befinden sich die Hausschuhe in seinem Blickfeld.*

## So geht's weiter

Diese Übung ist wahrscheinlich leichter für den Hund, da die Hausschuhe in der Regel immer am gleichen Platz stehen und er diese nicht erst suchen muss. Bestehen Sie darauf, dass Ihnen der Hund die Hausschuhe in die Hand gibt. Hunde arbeiten einfach sauberer, wenn sie dazu angehalten werden, die gebrachten Gegenstände in die Hand zu geben und nicht vor dem Halter auf den Boden fallenzulassen.

Die Distanz, also die Strecke, über die der Hund die Hausschuhe bringen soll, sollte wieder Schritt für Schritt aufgebaut werden.

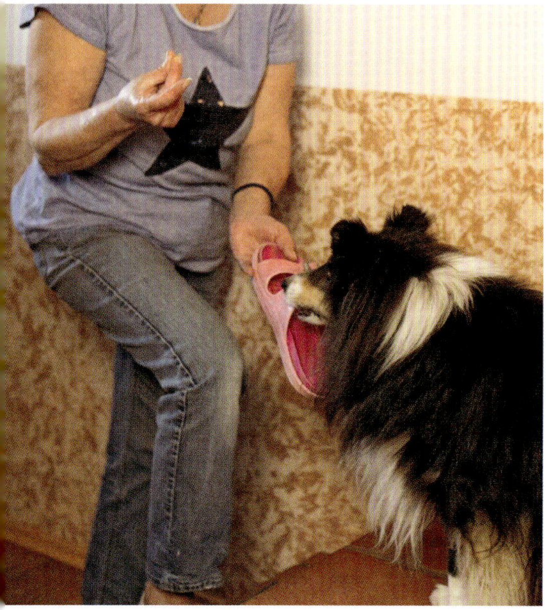

## So wird's komplett

Abgeschlossen ist die Übung, wenn der Hund nach dem Fingerschnippen zuverlässig die Hausschuhe bringt.

Eine interessante Zusatzaufgabe kann sein, die Hausschuhe bestimmten Personen zuzuordnen. Der Hund soll in diesem Fall die Hausschuhe der Person bringen, die mit den Fingern schnippt. Gehen Sie dabei wie beim Training „Gegenstände identifizieren" vor. Statt dem Wort wird hier das Fingerschnippen als Hörzeichen verwendet.

*Onyx gibt den Hausschuh sauber in Frauchens Hand ab. Der Sheltierüde hat das Fingerschnippen jetzt mit den Hausschuhen verknüpft.*

## Wenn es nicht klappt

- Wagt sich der Hund vielleicht nicht an die Hausschuhe heran, weil Schuhe bisher für ihn tabu waren? Entscheiden Sie individuell, ob Sie dem Hund Hausschuhe nun erlauben oder trainieren Sie den Hund auf einen anderen Gegenstand, welchen er Ihnen bringen soll.
- Der Hund versteht eventuell nicht, dass das Fingerschnippen jetzt das Hörzeichen ist. Helfen Sie Ihrem Hund mit einem Fingerzeig oder sprechen Sie das Wort „Bring" ganz leise aus. Diese Hilfen werden danach immer weiter abgebaut.

# Kuchen ist fertig!

Bei dieser Lektion ist die Idee, dass Ihr Hund Ihnen durch Anspringen oder Anstupsen anzeigt, dass der Backofen gerade gepiepst hat, also der Kuchen oder die Pizza oder was immer sonst darin ist, fertig ist. Keine Sorge, Ihr Hund wird Sie nach diesem Training nicht ständig anspringen. Genau wie beim „Türenöffnen“ wird er auf einen Auslöser, hier ein „Piepsen“, trainiert. Piepst es nicht, springt er auch nicht.

Diese Übung ist sehr praktisch, wenn man während der Backzeit des Kuchens nicht die ganze Zeit in der Küche bleiben möchte.

## *So geht's los*

Bei dieser Übung möchten wir, dass der Hund mit einer körperlichen Aktion auf etwas aufmerksam macht.

Stellen Sie sich zunächst direkt neben den Backofen. Wenn das Piepsen als Signal der abgelaufenen Backzeit ertönt, soll Sie Ihr Hund anspringen. War es dem Hund bisher verboten, Sie anzuspringen, können Sie ihm mit der Hand etwas helfen. Klopfen Sie sich zum Beispiel kurz auf den Oberschenkel, das kann ihn dazu motivieren, hochzuspringen.

Bei zu großen Hunden kann Anspringen keine gute Idee sein. Versuchen Sie als Alternative Ihrem Backassistenten das Anstupsen mit der Nase zu lehren. Tippen Sie, während der Backofen piepst, mit der Hand an Ihr Knie. Ihr Hund wird neugierig werden und mit der Nase an Ihr Knie kommen. Dieser Moment wird mit einem Keks belohnt.

## *So geht's weiter*

Entfernen Sie sich im weiteren Trainingsverlauf Schritt für Schritt vom Backofen. Noch stehen Sie mit dem Gesicht zum Gerät. Hunde orientieren sich unter anderem auch an der Blickrichtung des Menschen. Da ein Backofen für Hunde wenig Wertigkeit besitzt, können wir dem Hund so zeigen, dass es dieses Gerät ist, was gerade unsere Aufmerksamkeit bekommen soll.

Die Hilfe mit der Hand, also das Klopfen auf den Oberschenkel oder das Antippen des Knies wird vermindert, die Hilfe immer seltener.

## So wird's komplett

Wenden Sie im jetzt fortgeschrittenen Training das Gesicht mehr und mehr vom Backofen ab. Inzwischen sollten Sie auch die Küche verlassen können, also nicht mehr in der Nähe des Backofens stehen. Ihr Hund sollte Sie bei abgeschlossenem Training beim Piepsen des Ofens immer anspringen, egal wo Sie stehen.

## Wenn es nicht klappt

- War es dem Hund bisher verboten, Sie anzuspringen? Erklären Sie ihm mit Körpersignalen, zum Beispiel auf den Oberschenkel klopfen oder ans Knie tippen, dass es im Fall des Piepsens erlaubt ist.
- Möchten Sie nicht, dass Ihr Hund Sie anspringt? Konditionieren Sie ihn einfach auf eine andere Aktion wie zum Beispiel Bellen.

*„... Frauchen, die Hundekekse sind fertig, nimm sie bitte aus dem Backofen ...". Onyx springt Frauchen an, wenn das Piepsen des Backofens ertönt.*

# Auch Handicap-Hunde können das

Schon immer sehr am Herzen liegen mir die „grauen Schnauzen“ und gehandicapte Hunde. Leider werden diese Hunde auch heute noch häufig auf das Abstellgleis geschoben, obwohl sie sehr viel zu bieten haben.

In meinen Kursen sind Hundesenioren und Handicap-Hunde nicht nur willkommen, sondern ausdrücklich erwünscht. Da war zum Beispiel „Woody“, ein Kurzhaar Dackel, der im hohen Alter von 16 Jahren noch immer leidenschaftlicher Dog Dancer war. Und vor kurzem durfte ich wieder Bella, Boston Terrier Hündin, zehn Jahre jung, in einem Kurs „Der kleine Servicehund“ begrüßen. Mit großem Eifer zieht sie ihrem Frauchen die Socken aus, sucht Schlüssel und räumt ihr Spielzeug auf.

Auch gehandicapte Hunde leisten vortreffliche Arbeit. Meine Colliehündin, Miss Eliza, ist halbseitig blind, was sie nicht hindert, mir im Haushalt genauso zur Hand zu gehen wie meine beiden nicht gehandicapten Hunde.

Natürlich muss das Training mit diesen Hunden an ihre Leistungsfähigkeit angepasst werden, manche Übungen können im Aufbau länger dauern, manchen klappen vielleicht gar nicht mehr. Mit ein bisschen Fantasie und Kreativität lässt sich für jeden Hund eine Haushaltsaufgabe finden.

Und mal Hand aufs Herz: Das kleine bisschen Mehrarbeit haben unsere Senioren und Handicap-Hunde, die uns treu über viele Jahre begleitet haben, ja auch verdient.

## Der blinde Hund

Hunde sind Meister im Ausgleichen, wenn sie einen ihrer Sinne verlieren. Wussten Sie, dass sich blinde Hunde mittels der Vibrissen (Schnurrhaare) an Luftverwirbelungen in Räumen orientieren können? Ein Raum ist niemals völlig zugfrei. Um Tische, Stühle, Sofas und andere Möbel bilden sich Verwirbelungen, durch die der Hund Hindernisse erkennen und umlaufen kann. Zuhause merkt sich der blinde Hund die Wege und man könnte den Eindruck gewinnen, er würde sehen.

Im Freien funktioniert das ebenfalls. Luftströmungen und Luftverwirbelungen leiten blinde Hunde um Hindernisse. Diese Fähigkeit kann man sich zum Beispiel beim Dog Dance mit einem blinden Hund zunutze machen und den Hund unter Zuhilfenahme von Tüchern führen.

## *Akustisches Signal für den blinden Hund*

Hunde können lernen, Worte und Geräusche mit Handlungen und Verhalten zu verknüpfen, dafür müssen sie nicht zwingend sehen können.

**Hörzeichen konditionieren**

Bei blinden Hunden sind Hörzeichen essenziell, um sie verlässlich führen zu können. Sieht der Hund nicht, ist es umso wichtiger, Kommandowörter stabil aufzubauen. Verwenden Sie prägnante Worte und Wörter, die nicht so geläufig sind. Blindenführhunde werden zum Beispiel häufig in italienischer Sprache ausgebildet. Statt „Platz" wird „a terra" verwendet, statt „Sitz" sagen Blindhundeführer „Set" und soll der Hund seinen Menschen zu einer Treppe führen, heißt es „Scala" statt Treppe. Sie können auch verschiedene Sprachen mischen.

Diese besonderen Hörzeichen werden genauso aufgebaut wie die geläufigen Hörzeichen bei allen anderen Hunden.

**Gewöhnung an Geräusche**

Blinde Hunde reagieren feinfühliger auf Geräusche. Während meiner praktischen Arbeit habe ich immer wieder erlebt, dass blinde Hunde mit dem Clicker schlecht oder gar nicht zurechtkommen. Viele hatten regelrecht Angst davor. Sicherlich gibt es auch Ausnahmehunde, die gut darauf reagieren. Nicht alle Hunde sind gleich.

Wenn es unbedingt der Clicker sein soll, verwenden Sie einen, bei dem man die Lautstärke regulieren kann. Es gibt Clicker, die leiser sind. Heute hat fast jeder ein Handy beim Spaziergang dabei. Konditionieren Sie den blinden Hund doch auf einen bestimmten, individuellen Handyton. Dieser Ton kann zum Beispiel als Rückrufsignal beim Hund etabliert werden.

Wörter und Geräusche werden genauso aufgebaut wie bei einem sehenden Hund (siehe S. 118).

# Der taube Hund

Taube Hunde lernen sehr schnell, vermehrt mit den Augen zu arbeiten. Sie achten genauer auf Körpersprache von Hund und Mensch. Hunde können unsere Mimik lesen und analysieren, sie können Blicke deuten und wissen, was der Mensch meint.

Statt mit Hörzeichen werden taube Hunde über Handzeichen trainiert. Ich trainiere mit meinen Hunden immer beides, ordne also jedem Hörzeichen gleich das passende Handzeichen zu. Das hat sich bewährt, da viele Hunde im Alter schwerhörig oder taub werden. Kennt der Hund die Handzeichen in diesem Stadium bereits, kann er auch in hohem Alter noch gut geführt werden und viele Freiheiten genießen.

## *Optisches Signal für den tauben Hund*

Noch immer hält sich das Märchen, Hunde könnten keine Farben sehen. Unsere Vierbeiner sehen Farben in etwa so wie ein Mensch mit Rot-Grün-Blindheit. Ihre Welt ist also sehr wohl bunt.

**Optische Signale konditionieren**

Lassen Sie Ihrer Kreativität freien Lauf. Je abwechslungsreicher und passender zur jeweiligen Situation die optischen Signale sind, desto leichter wird das Training für den Hund.

Welches optische Symbol Sie verwenden, ist sekundär. Wenn es zum Beispiel darum geht, dass der Hund einen Gegenstand holen soll, muss das Symbol dem Gegenstand nicht zwingend ähneln. Eine Idee wäre zum Beispiel, bunte oder gemusterte Karten oder Glasuntersetzer einzusetzen. Zum Beispiel könnte eine rote Karte für den tauben Hund bedeuten, dass er Ihnen die Hausschuhe holen soll. Eine gelbe Karte könnte mit dem Halsband verknüpft werden.

Oder Sie verwenden eine ganz bestimmte, immer gleiche Decke als „optischen Fixpunkt", auf die sich Ihr Hund zum Beispiel immer legen soll. Trainieren Sie mit Ihrem Hund die unterschiedlichsten Handzeichen. Hörzeichen werden durch Handzeichen ersetzt. So kann zum Beispiel die linke Hand zur Faust geschlossen das Hörzeichen „Fuß" für den tauben Hund ersetzen. Die rechte Hand zur Faust geschlossen zeigt dem tauben Hund, dass er auf Ihrer rechten Seite laufen soll.

**Gewöhnung an Lichtzeichen**

Es ist gar nicht so schwierig, taube Hunde an Lichtzeichen heranzuführen. Häufig fällt es dem Halter schwerer umzudenken als dem Hund. Achten Sie darauf, dass die Lichtzeichen nicht zu grell sind und den Hund nicht blenden.

## Der Lesehund und der Schulhund

### Aufgaben

***Lesehund:***

Sogenannte Lesehunde werden zum Beispiel in der Logopädie bei Kindern mit Lern- oder Sprachproblemen und zu meiner großen Freude immer öfter in Büchereien eingesetzt. Diese Hunde sollen die Kinder dazu ermutigen, ohne Angstgefühl zu sprechen und / oder zu lesen.

***Schulhund:***

Untersuchungen haben gezeigt, dass Kinder, die frühzeitig lernen, wie man mit Hunden umgeht, weniger Angst vor Hunden zeigen. Auch die längere Anwesenheit von Hunden während des Unterrichts hat positive Auswirkungen auf das Verhalten der Schülerinnen und Schüler. Die Kinder sind ruhiger, konzentrierter und entwickeln eine höhere Sozialkompetenz.

### Ausbildung

Es gibt inzwischen Vereine, die geprüfte Lese- oder Schulhunde ausbilden und gezielt in Schulen und Kindergärten aktiv sind. Staatliche Regelungen gibt es nicht, eine amtliche Zertifizierung ist nicht nötig, da die Halter von Lese- und Schulhunden in der Regel ehrenamtlich arbeiten.

Grundsätzlich gibt es keine Einschränkungen bei der Rasseauswahl. Voraussetzung beim Hund ist jedoch Nervenstärke. Er darf keinesfalls schreckhaft sein, sollte Kinder mögen und für längere Zeit ruhig liegenbleiben können.

*Ida arbeitet hauptberuflich als Lesehund. Diese Hunde unterstützen meist Kinder dabei, mehr Lust am Lesen zu gewinnen. Auch wenn mal ein Wort falsch gelesen wird, Hunde kritisieren nicht.*

# Der körperlich behinderte Hund

Die Colliehündin Angel, die hier im Buch ihr Können zeigt, wurde mit einer missgebildeten Vorderpfote geboren. Das rechte Vorderbein ist nicht mitgewachsen und um einiges kürzer als die anderen drei Beine.

Dadurch kann Angel körperlich nicht wirklich ausgepowert werden und braucht daher eine effektive Alternative, um Energie abbauen zu können. Sinnvolle Beschäftigungen, die der Hund gut bewältigen kann, lasten Angel wunderbar aus. Das kleine Colliemädchen kann Schubladen öffnen und schließen, sucht Frauchen die Taschentücher oder klaut Geldbörsen aus Taschen.

# Der Hunde-Senior

Vor allem sogenannte Sporthunde können Frust entwickeln, wenn sie nach ihrer „Sportkarriere" in Rente geschickt werden. Viele Jahre immer aktiv, haben sie plötzlich nichts mehr zu tun.

Dabei können auch Hunde in höherem Alter noch immer lernen. Unser Collierüde Juno kam 2005 im Alter von achteinhalb Jahren zu uns und begann, als er wieder gesund war, im Alter von neun Jahren mit Dog Dance und Tricks. Er war überglücklich, eine Aufgabe zu haben.

*Clooney arbeitet mit seinen zehn Jahren noch immer mit großem Enthusiasmus. Es wäre unfair, ihn zum alten Eisen zu schieben.*

Handicap-Hunde brauchen noch dringender als gesunde Hunde sinnvolle und abwechslungsreiche Kopfarbeit, da sie körperlich nicht wirklich ausgepowert werden können. Die folgenden Übungen zeigen unsere beiden Handicap-Hunde Angel und Melman.

# Türen und Schubladen öffnen und schließen

# Türen öffnen

Beim Türen- und Schubladenöffnen führen Halter häufig Zweifel an, ob der Hund dann nicht immer wieder in unangebrachten Momenten selbständig Türen und Schubladen öffnen wird. Aus diesem Grund trainiere ich Hunde auf eine Aufziehhilfe, zum Beispiel ein Band. So kann der Hund Türen und Schubladen nur öffnen, wenn die Aufziehhilfe vorhanden ist. Wird das Band abgenommen, öffnet der Hund Schubladen und Türen nicht mehr.

Als Aufziehhilfe kann eine einfache Schnur, ein Schlüsselband oder, wie bei uns, etwas Selbstgehäkeltes verwendet werden.

Bieten Sie dem Hund die von Ihnen gewählte Aufziehhilfe, welche Sie noch in der Hand halten, an. Hörzeichen könnten „Zieh" und „Auf" sein. Achten Sie darauf, dass der Hund von Anfang an lernt, langsam und gleichmäßig zu ziehen. Wenn die Tür nämlich in seine Richtung aufgeht und der Hund zu ruckartig zieht, sind die Pfoten in Gefahr.

Arbeiten Sie so lange mit der Aufziehhilfe in der Hand, bis Sie den Eindruck haben, Ihr Hund hat verstanden, dass er langsam und gleichmäßig ziehen muss. Loben und belohnen Sie ausschließlich gleichmäßiges und langsames Ziehen.

## *So geht's los*

Bringen Sie im ersten Schritt die Aufziehhilfe an der Türklinke an. Animieren Sie Ihren kleinen Portier anschließend mit den Hörzeichen „Zieh" und „Auf" dazu, langsam an dem Band zu ziehen. Noch stehen Sie direkt neben dem Hund und belohnen ihn sofort, wenn er gleichmäßig und langsam an der Aufziehhilfe zieht.

Achten Sie darauf, dass die Pfoten des Hundes nicht eingeklemmt werden. Zieht der Hund zu forsch an der Aufziehhilfe, können Sie die Tür mit der Hand stoppen, bevor diese an die Pfoten stößt. Noch stehen Sie ja direkt neben dem Hund an der Tür.

*Angels Frauchen hilft der strebsamen Colliehündin und zeigt ihr die an der Türklinke angebrachte Aufziehhilfe. Wird diese Aufziehhilfe entfernt, kann Angel die Tür nicht mehr öffnen.*

## So geht's weiter

Haben Sie den Eindruck, der vierbeinige Portier hat verstanden, um was es geht, steigern Sie wieder langsam die Distanz, aus der Sie den Hund zur Tür schicken. Beginnen Sie dieses Distanztraining erst, wenn Sie sicher sind, dass der Hund zuverlässig langsam an der Aufziehhilfe zieht. Klemmt er sich auch nur einmal die Pfoten ein, kann es sein, dass er nie wieder an die Tür geht.

Üben Sie an unterschiedlichen Türen.

## So wird's komplett

Verändern Sie Ihre Position, sitzen oder stehen Sie abwechselnd. Nehmen Sie im weiteren Training auch mal etwas in die Hände, zum Beispiel einen Wäschekorb oder ein Küchentablett. So lernt der Hund, Ihnen die Tür zu öffnen, wenn Sie gerade keine Hand frei haben. Voraussetzung ist natürlich, der Hund hat die Hörzeichen „Zieh" und „Auf" gelernt.

*Angel zieht die Tür langsam auf. Ruckartiges Ziehen muss sofort unterbrochen werden, da bei zu schnellem Ziehen die Hundepfoten in Mitleidenschaft gezogen werden könnten.*

## Wenn es nicht klappt

- Beginnt Ihr Hund möglicherweise ein Zerrspiel mit der Aufziehhilfe? Machen Sie vorher die Übung „Zieh" (S. 102) und „Schluss" (S. 104)
- Zieht der Hund eventuell zu ruckartig? Trainieren Sie weiter die Gewöhnung an das Band und achten dabei konsequent darauf, dass der Hund langsam zieht.
- Zögert Ihr Hund vielleicht, weil ihm Türen bisher verboten waren? Entscheiden Sie individuell, ob Sie diese Übung durchführen wollen.
- Reagiert Ihr Hund ängstlich, wenn ihm die Tür entgegenkommt? Siehe S. 140: „Schubladen öffnen".

# Schubladen öffnen

Da der Hund auf eine Aufziehhilfe trainiert wird, brauchen Sie sich keine Gedanken zu machen, dass er nun ständig die Schubladen in der Küche öffnet. Wird die Aufziehhilfe entfernt, kann Ihr Vierbeiner die Schubladen nicht mehr öffnen. Meine Hunde helfen mir beim Ausräumen der Spülmaschine und öffnen dabei die angezeigten Schubladen und Schränke.

## *So geht's los*

Ihr Hund hat schon in der vorigen Übung gelernt, langsam und gleichmäßig an der Aufziehhilfe zu ziehen. Auch bei Schubladen ist dies wichtig. Zieht der Hund zu ruckartig an der Schublade, besteht die Gefahr, dass diese ganz herausgezogen wird oder ihm der Inhalt um die Ohren fliegt.

Positionieren Sie den Hund gerade vor der Schublade und ermutigen Sie ihn, an der Aufziehhilfe zu ziehen. Belohnen Sie nur dann, wenn er sanft mit den Schubladen umgeht. Zieht er zu heftig, brechen Sie die Übung ab und starten später erneut.

Ihr Hund reagiert ängstlich, wenn ihm die Schublade entgegenkommt?

Nehmen Sie den Hund an Ihre Seite und ziehen Sie langsam die Schublade auf. Belohnen Sie, wenn er ruhig sitzen bleibt.

Funktioniert das, positionieren Sie den Hund vor der Schublade und ziehen diese wieder langsam auf, sodass die Schublade auf den Hund zukommt. Bleibt er ruhig stehen, bekommt er seine Belohnung. Gewöhnen Sie so den Vierbeiner langsam daran, dass ihm die Schublade entgegenkommt.

*Auch an Schubladen wird der Hund auf die Aufziehhilfe trainiert und nicht direkt auf die Griffe der Schublade. Wird die Aufziehhilfe entfernt, kann der Hund die Schubladen nicht mehr öffnen.*

## *So geht's weiter*

Vom Prinzip her ist dieser Schritt identisch mit dem Training an der Tür (siehe S. 138). Erhöhen Sie nun langsam die Distanz und verändern Ihre Position.

Üben Sie an unterschiedlichen Schubladen.

## *So wird's komplett*

Abgeschlossen ist diese Hilfestellung, wenn der Hund langsam und gleichmäßig an der Aufziehhilfe zieht. Falls der Vierbeiner doch noch ein Zerrspiel anfangen möchte, hat es sich auch hier bewährt, ihn zwischendurch in eine Ruheposition (Sitz oder Platz) zu dirigieren. Gerade junge Hunde sprudeln oft noch vor Begeisterung über, da sie ruhiges, konzentriertes Arbeiten erst lernen müssen.

*Angel macht das super. Mit Bedacht und Behutsamkeit zieht sie an der Aufziehhilfe die Schublade auf, ohne daran zu zerren.*

## *Wenn es nicht klappt*

- Es können die Tipps von der Übung „Tür öffnen" übernommen werden.

# Türen schließen

Wie beim Lichtschalter-Training ist dem Hund hier nur der Einsatz der Nase erlaubt. Wir wollen schließlich keine zerkratzten Türen hinterlassen. Unterschätzen Sie nicht die Kraft, die Hunde mit dem Schnäuzchen ausüben können. Es kann wirklich praktisch sein, wenn Hunde Türen öffnen und schließen können, wenn Frauchen oder Herrchen gerade keine Hand dafür frei haben.

## *So geht's los*

Die Hörzeichen für das Schließen lauten bei uns „Touch" und „Zu". Am Anfang können Sie Ihrem Hund mit der Hand helfen. Legen Sie die Hand mit dem Handrücken an die Tür und ermuntern Sie den Hund, sie auf die gewählten Hörzeichen hin zu „touchen", das bedeutet, die Hand mit der Nase anzustupsen.

Hierbei darf der Hund ruhig etwas vehementer arbeiten. Sie stehen an der Tür neben dem Hund, um ihn sofort belohnen zu können, wenn sich die Tür nur ein kleines Stück bewegt. Sie können anfangs ruhig etwas mit der Hand nachhelfen, sodass das typische Geräusch der ins Schloss fallenden Tür entsteht. An diesem Geräusch soll sich der Hund am Ende orientieren. Seine Aufgabe ist erst erledigt, wenn dieses Geräusch zu hören ist.

Arbeiten Sie im weiteren Trainingsverlauf Ihre Hand immer weiter vom Hund weg, sodass er mit der Nase an die Tür stupsen muss. Die Hand soll nun nur noch als Zielhilfe dienen, ähnlich wie beim Aufräumen.

*Frauchen hilft Angel mit der Hand. So lernt die schlaue Colliehündin, dass an der Tür, wie beim Lichtschalter, nur das Stupsen mit der Nase erlaubt ist.*

## *So geht's weiter*

Wie beim „Aufräumtraining" wird die Hand als Zielhilfe immer weiter abgebaut. Halten Sie die Hand immer höher an die Tür, sodass Ihr Hund diese nicht mehr erreichen kann. Lassen Sie die Hand auch schon mal ganz weg, so können Sie kontrollieren, ob Ihr kleiner Portier das gewünschte Hörzeichen schon verstanden hat. Er sollte außerdem verstanden haben, dass er die Tür nur mit der Nase, nie mit den Pfoten berühren darf.

Warten Sie jetzt, bis die Tür vollständig geschlossen ist. Ihr Hund kann sich dabei an dem Geräusch, das die zuschnappende Tür macht, orientieren. Warten Sie konsequent auf dieses Geräusch.

Erhöhen Sie im weiteren Training die Distanz, in der Sie zur Tür stehen. Belohnen Sie den Hund erst, wenn er seine Aufgabe „Tür schließen" erledigt hat und zu Ihnen zurückkommt.

*Die Hand als große Zielhilfe wird immer mehr abgebaut. Jetzt bekommt Angel nur noch einen kleinen Tipp mit dem Finger, bis sie die Tür am Ende ohne Hilfe zustupst.*

## *So wird's komplett*

Die Hand als Zielhilfe wurde komplett abgebaut, Ihr neuer Portier hat das gewünschte Hörzeichen verstanden. Vor allem hat er aber verstanden, dass die Pfote an der Tür verboten ist. Er stupst ausschließlich mit der Nase an die Tür.

Sie können den Hund nun auch zur Tür schicken, wenn Sie auf dem Sofa sitzen. Er macht die Tür zuverlässig zu, auch wenn keine Handhilfe mehr gegeben wird.

## *Wenn es nicht klappt*

- Verwendet der Hund immer wieder die Pfoten? Üben Sie an der geschlossenen Tür das „Touchen". Das heißt, der Hund soll die Tür nur mit der Nase anstupsen. Nur der Nasenstupser wird belohnt. Setzt der Hund die Pfoten ein, brechen Sie die Übung ab und starten später nochmals.
- Kleine Hunde haben häufig nicht die Kraft, die Tür ganz zu schließen. Seien Sie mit einem Anstupsen der Tür zufrieden.

# Schubladen schließen

Wie bei der Tür ist auch bei Schubladen nur das Touchen mit der Nase erlaubt. Die Möbel sollen ja heil bleiben und der Hund kann die Kraft, die er mit der Nase einsetzt, besser dosieren als bei den Pfoten. Springt der Hund zum Schubladenschließen mit den Pfoten hoch, kann das Schließen schon etwas zu schwungvoll ausfallen.

## *So geht's los*

Die Hörzeichen „Touch" und „Zu" können beibehalten werden, die Arbeit ist für den Hund die gleiche wie an der Tür.

Positionieren Sie den Hund gerade frontal zur Schublade. Am besten beginnen Sie mit einer oberen Schublade, sodass Ihr Vierbeiner gar nicht mit den Pfoten arbeiten kann, sondern von Anfang an die Nase benutzen muss. Sie können am Anfang wieder mit der Hand als Zielhilfe, wie beim Aufräumen und an den Türen, helfen.

Motivieren Sie den Hund, die Schublade sanft mit der Nase anzustupsen. Hunde können lernen, Kraft und Schwung einer Handlung dosiert einzusetzen. Sie können dazwischen unterscheiden, die Tür resoluter und die Schubladen behutsamer anzustupsen.

Belohnt wird nur das behutsame Anstupsen der Schubladen.

*Auch an den Schubladen bekommt Angel zu Beginn des Trainings die Hand als Zielhilfe angeboten. Es tut den Schubladen nicht gut, wenn Hunde die Pfoten zum Schließen einsetzen.*

## So geht's weiter

Vom Prinzip ist dieser Schritt identisch mit dem Training an der Tür. Sie erhöhen langsam die Distanz und verändern Ihre Position.

Warten Sie, bis die Schublade vollständig geschlossen ist. Der Hund kann sich wieder an dem Geräusch orientieren, welches eine Schublade macht, wenn diese ganz geschlossen wird. Sie warten mit der Belohnung also, bis dieses Geräusch zu hören ist.

## So wird's komplett

Verändern Sie Ihre Position und bauen Sie Distanz auf. Ihr Hund hat gelernt, die Schublade behutsam anzustupsen. Schicken Sie ihn aus unterschiedlichen Distanzen zur Schublade und belohnen Sie ihn erst, wenn er seine Aufgabe erledigt hat und zu Ihnen zurückkommt.

*Die clevere Angel hat schnell verstanden, dass Pfoten verboten sind. Sie schließt die Schublade ausschließlich unter Einsatz ihrer Nase.*

## Wenn es nicht klappt

- Es können die Tipps von der Übung „Tür schließen" übernommen werden.

# Gemeinsam macht es einfach viel mehr Spaß

Es gibt Aussagen, die ich in meinen Kursen immer wieder höre: „Das lernt der nie …", „Das kann er nicht …" oder „Dafür ist er zu jung / zu alt …".

All das möchte ich gerne mit „nein" beantworten.

Ich finde es schade, wenn das Potenzial von Hunden nicht genutzt wird. In den kurzen Vorstellungen der „echten" Assistenz-, Warn- und Führhunde konnte ich Ihnen hoffentlich näherbringen, zu welch außergewöhnlichen Leistungen Hunde fähig sind. Natürlich kann nicht jeder Hund alle Aufgaben erfüllen. Der Chihuahua wird sich an hoch gelegenen Lichtschaltern schwertun. Es gibt aber für alles eine Alternative. Der Mini-Hund lernt dann einfach die Bodenlampe anzuschalten oder eine Glocke zu betätigen.

Geben Sie als Halter Ihrem Hund Aufgaben, die sein Gehirn trainieren, stärkt dies nicht nur sein Selbstvertrauen. Es entsteht automatisch eine engere Bindung und die Beziehung zum Hund erreicht ein ganz neues Niveau, wenn Sie Aufgaben zusammen bewältigen. Bekommen Hunde eine sinnvolle Beschäftigung, sind sie ausgeglichener, zufriedener und glücklicher. Ein ausgeglichener, zufriedener Hund ist auch im Alltag leichter zu führen.

Ich hoffe, ich konnte Ihnen mit diesem Buch einen kleinen Leitfaden an die Hand geben, mit dem Sie zusammen mit Ihrem Hund mehr Spaß bei der täglichen Hausarbeit haben. Es macht einfach mehr Freude, einen Wäscheberg gemeinsam aufzuräumen, Socken zusammen in die Schubladen zu verfrachten oder miteinander mit Schaufel und Besen klar Schiff zu machen. Trauen Sie Ihrem Hund mehr zu, er kann mehr, als Sie denken. Machen Sie ihn nicht nur zum Befehlsempfänger. Lassen Sie ihn manchmal einfach etwas ausprobieren, diese kleinen Wunderwesen bieten so oft ganz viel von alleine an.

Die vierbeinigen Protagonisten im Buch wurden alle in ihrem tatsächlichen zu Hause, an ihrem originalen Arbeitsplatz fotografiert. Alle Hunde, auch Ihrer, können lernen, kleine Haushaltsaufgaben zu übernehmen. Geben Sie ihm doch einfach einmal die Möglichkeit dazu und probieren Sie es aus.

*Diese drei Assistenten helfen mir zu Hause, von links nach rechts: Mix Mädchen Honey Bee Sum Sum, Colliedame Miss Eliza Doolittle und der Sheltiebub Onyx.*

# Über die Autorin

Liane Rauch wagte im März 2003 den Sprung in die Selbständigkeit, erfüllte sich ihren Traum, mit Hunden zu arbeiten und eröffnete in Wasserburg am Inn die Hundeschule Naseweis. Seit Januar 2006 bietet sie auch Kurse und Seminare in Hundehotels an; 2014 hat sie die Ausbildung zur Hundepsychologin nach Thomas Riepe beendet.

Sie schreibt seit vielen Jahren regelmäßig Artikel für die Hundefachmagazine WUFF, Ein Herz für Tiere, Partner Hund und weitere und hat bereits vier Fachbücher zu Hundeerziehung und Spielen mit Hunden veröffentlicht.

Im Fokus ihrer Ausbildungsphilosophie stehen ein harmonisches Miteinander und eine Ausbildung, die der Hund versteht, die ihm jedoch so viel Lernfreiheit lässt, wie er braucht. Ihre Überzeugung ist, dass Hunde, die sich selbstständig Lernziele erarbeiten dürfen, schneller und gefestigter lernen. Sie bildet Halter und Hund ohne Zwang, ohne aversive Hilfsmittel und ohne Druck aus.

Liane Rauch ist auch leidenschaftliche Dog Dancerin und verbindet inzwischen klassische Dog Dance-Übungen mit Line Dance. Auch die Trickarbeit begeistert sie und ist fast täglicher Bestandteil ihres Tagesablaufes – so ein kleiner Trick zwischendurch geht immer.

Weitere Ausbildungs- und Kursinhalte sind Erziehung über Handtouch-Training für einen harmonischen Alltag, Kreativ-Longieren, Intelligenzspiele, Rally-Obedience und die Servicehundeausbildung. Seit 2009 bietet sie mit ihren Hunden in drei Senioren- und Betreuungseinrichtungen Tiergestützte Therapie an.

Drei vierbeinige Mitarbeiter ergänzen das Naseweis-Team:

Onyx, Sheltierüde, zehn Jahre. Der kleine verrückte Bub ist Longier-Profi und Tänzer.

Honey Bee Sum Sum, Dackel-Collie-Mix-Hündin, acht Jahre. Die kleine süße Biene ist Vorzeige-Trickserin, Tänzerin und die Koryphäe bei den Einstein-Spielen (Intelligenzspielen).

Miss Eliza Doolittle, Colliehündin, ca. drei Jahre. Dieses alberne Wesen macht alles mit, sie ist Unterordnungs-Expertin, longiert, tanzt und trickst – Eliza ist überall mit Begeisterung dabei!

Alle ihre Hunde stammten und stammen immer aus dem Tierschutz.

Anne Kahlisch Markgraf & Christina Grünig

## Hunde in Kita und Vorschule

### Grundlagen und Praxisideen zum hundgestützten Einsatz

Flexicover, 232 Seiten,
durchgehend farbig
ISBN 978-3-95464-169-7
Preis: 29,95 EUR

Nicht nur in Schulen nimmt der Einsatz von ausgebildeten Pädagogik-Begleithunden zu, auch in Kindergärten und Vorklassen steigt die Anzahl der eingesetzten Hunde stetig an. Die positive Wirkung von Hunden auf Kinder zeigt sich hier in vielfältiger Weise.

Dieses Buch gibt einen ausführlichen theoretischen Einblick in die hundegestützte Arbeit mit Klein- und Vorschulkindern, Grundvoraussetzungen für den Einsatz und viele praktische Tipps zum Start. Weiterhin werden Praxisideen zu allen wichtigen Vorläuferkompetenzen wie Motorik, Wahrnehmung, Pränumerik, Sprache, phonologische Bewusstheit und Sozialkompetenz aufgezeigt. Die tabellarische Anordnung sowie Piktogramme sorgen für einen schnellen Überblick. Viele der Ideen sind auch in Grund- und Förderschulen sowie in ergotherapeutischen und logopädischen Praxen umsetzbar.

Ein Highlight des Buches sind die vielfältigen, individualisierbaren Materialien und Bildvorlagen im Downloadbereich.

Claire Arrowsmith

# Brain Games

## Intelligenz- und Aktionsspiele für den Hund

Hunde brauchen mehr als nur Auslauf und Bewegung: Auch ihr Kopf will beschäftigt sein, damit Langeweile und daraus resultierende Verhaltensprobleme gar nicht erst entstehen.
Hier findet der Leser viele neue Ideen für Spiele im Haus, im Garten, auf dem Spaziergang, Spiele für Welpen, für weniger aktive Hunde, für den Fernsehabend, für bestimmte Rassen oder für die Geburtstagsparty – dem Einfallsreichtum sind keine Grenzen gesetzt!
Alle Tricks und Spiele fördern Auslastung, Intelligenz und Zufriedenheit des Hundes und stärken die Bindung zum Besitzer. Anschauliche Schritt-für-Schritt-Anleitungen mit vielen Fotos machen die Umsetzung leicht, Sternchen zum jeweiligen Schwierigkeitsgrad sorgen für zusätzliche Übersicht.

Flexicover, 168 Seiten,
durchgehend farbig
ISBN 978-3-95464-088-1
Preis: 19,95 EUR